国家出版基金项目
NATIONAL PUBLICATION FOUNDATION

有色金属理论与技术前沿丛书

旋流多梯度磁选机的力场仿真、设计及分选性能研究

FORCE FIELD SIMULATION, DESIGN AND STUDY ONSEPARATING PERFORMANCE OF THE ROTATIONAL-FLOW MULTIPLE-GRADIENT MAGNETIC SEPARATOR

卢东方　胡岳华　王毓华　著
Lu Dongfang　Hu Yuehua　Wang Yuhua

中南大学出版社
www.csupress.com.cn

中国有色集团

内容简介

Introduction

　　作者在查阅大量国内外相关文献基础上，综合运用流体力学、电磁力学知识，先进的 Fluent 及 Ansys 大型有限元仿真软件，详细阐述了进行新型磁选机 – 旋流多梯度磁选机的设计、仿真与分选性能研究的具体方法。该书的主要内容包括：现有弱磁性分选设备的综述、旋流多梯度磁选机流场的 3 – D Fluent 仿真分析、磁场的 3 – D Ansys 仿真分析、分选腔和磁系的设计、颗粒受力计算、单一力场(磁场、离心力场)设备分选性能的试验研究、力场与设备分选性能关系模型的推导、旋流多梯度磁选机的分选效果预测和整机结构及主要部件的设计等内容。

　　本书数据翔实，层次清楚，分析透彻，图表规范，结论可信，对广大选矿研究工作者、选矿机械制造技术人员、大专院校的师生以及从事矿物工程、磁电和重选装备开发的工作人员有一定的参考价值。

作者简介

About the Author

卢东方，男，1982 年出生，博士，硕士研究生导师。主要从事高效选矿装备和选矿工艺研发工作。作为负责人先后主持湖南省科技厅科技支撑、教育部博士后面上基金、中国国家自然科学青年基金等多项国家及省部级科研项目，累计完成企业科技攻关项目十余项。

胡岳华，1962 年出生，现任中南大学教授、博士生导师、副校长。国际矿物加工委员会教育分会委员、中国有色金属学会选矿学术委员会副主任、中国矿业协会选矿委员会副主任。先后承担了国家科技支撑计划，国家 973 计划，国家 863 计划、国家自然科学基金重点项目，国家杰出青年科学基金等省部级科研项目等 30 多项。出版专著 5 本，在国内外科技期刊及重要学术会议上发表论文 210 余篇。

王毓华，1964 年出生，现任中南大学教授、博士生导师、资源加工与生物工程学院副院长。获国家科技进步一等奖 1 项，省部级一等奖 1 项。申请专利 2 项。在国内外刊物发表学术论文共 35 篇，其中，"四大检索"收录 6 篇。出版专著《铝硅矿物浮选化学与铝土矿脱硅》、《铜矿选矿技术》、《矿物加工工程设计》等 3 本。

学术委员会
Academic Committee

国家出版基金项目
有色金属理论与技术前沿丛书

编辑出版委员会

Editorial and Publishing Committee

国家出版基金项目
有色金属理论与技术前沿丛书

总序

当今有色金属已成为决定一个国家经济、科学技术、国防建设等发展的重要物质基础，是提升国家综合实力和保障国家安全的关键性战略资源。作为有色金属生产第一大国，我国在有色金属研究领域，特别是在复杂低品位有色金属资源的开发与利用上取得了长足进展。

我国有色金属工业近30年来发展迅速，产量连年来居世界首位，有色金属科技在国民经济建设和现代化国防建设中发挥着越来越重要的作用。与此同时，有色金属资源短缺与国民经济发展需求之间的矛盾也日益突出，对国外资源的依赖程度逐年增加，严重影响我国国民经济的健康发展。

随着经济的发展，已探明的优质矿产资源接近枯竭，不仅使我国面临有色金属材料总量供应严重短缺的危机，而且因为"难探、难采、难选、难冶"的复杂低品位矿石资源或二次资源逐步成为主体原料后，对传统的地质、采矿、选矿、冶金、材料、加工、环境等科学技术提出了巨大挑战。资源的低质化将会使我国有色金属工业及相关产业面临生存竞争的危机。我国有色金属工业的发展迫切需要适应我国资源特点的新理论、新技术。系统完整、水平领先和相互融合的有色金属科技图书的出版，对于提高我国有色金属工业的自主创新能力，促进高效、低耗、无污染、综合利用有色金属资源的新理论与新技术的应用，确保我国有色金属产业的可持续发展，具有重大的推动作用。

作为国家出版基金资助的国家重大出版项目，《有色金属理论与技术前沿丛书》计划出版100种图书，涵盖材料、冶金、矿业、地学和机电等学科。丛书的作者荟萃了有色金属研究领域的院士、国家重大科研计划项目的首席科学家、长江学者特聘教授、国家杰出青年科学基金获得者、全国优秀博士论文奖获得者、国家重大人才计划入选者、有色金属大型研究院所及骨干企业的顶尖专家。

国家出版基金由国家设立,用于鼓励和支持优秀公益性出版项目,代表我国学术出版的最高水平。《有色金属理论与技术前沿丛书》瞄准有色金属研究发展前沿,把握国内外有色金属学科的最新动态,全面、及时、准确地反映有色金属科学与工程技术方面的新理论、新技术和新应用,发掘与采集极富价值的研究成果,具有很高的学术价值。

中南大学出版社长期倾力服务有色金属的图书出版,在《有色金属理论与技术前沿丛书》的策划与出版过程中做了大量极富成效的工作,大力推动了我国有色金属行业优秀科技著作的出版,对高等院校、研究院所及大中型企业的有色金属学科人才培养具有直接而重大的促进作用。

2010 年 12 月

前言 / Foreword

　　我国拥有大量红铁矿、锰矿、黑钨矿、钽铌矿等弱磁性矿物资源，高梯度磁分离和离心力分离技术是回收此类资源的有效途径，进行新型高效磁选、重选装备理论和设计工作是该领域的重要研究内容。在掌握高梯度磁分离和离心力分离技术分选机理的同时，如何基于现有分选理论构建新型高效弱磁性矿物分选设备，进一步提高难选尤其是细粒弱磁性矿物的回收效率，是值得探讨的课题。因此，本书在详细阐述上述两种分离理论、装备及应用的基础上，系统介绍了基于两种分离理论（高梯度磁分离和离心力分离）构造新型磁选机的方法、新型磁选机设计过程、分选理论（通过理论计算和电磁、流场仿真方法）以及分选性能研究，作者认为这些内容对新型选矿装备的研发有一定借鉴意义。

　　随着高性能的磁、重选设备的出现，弱磁性矿物的分选取得了一定进展，但仍存在几个方面问题：①高梯度磁选设备分选腔中的矿浆分散性差、物理夹杂严重，尤其当用于精选作业时，富集效率低；②离心机难以实现粒度小的目的矿物与粒度大的脉石矿物的良好分离；③离心机可降低目的矿物的回收粒度下限，但这必须以严格的粒度分级为前提，对于细粒级弱磁性矿石而言，严格的粒度分级往往是较为困难的，这些问题的出现愈加引起研究和生产人员对高效弱磁性选矿装备开发的兴趣。

　　本书第一章简要论述了弱磁性矿产资源的分布情况，分选设备即高梯度磁选机和离心机的分选机理、应用情况及优缺点。第二章介绍了新型磁选机-旋流多梯度磁选机的设计思路，包括离心力、磁力组合方式和新型磁选机的分选过程。第三章和第四章利用大型通用有限元软件 Fluent 和 Ansys®分别对新型磁选机的流体力场和电磁力场进行仿真计算和可视化分析，阐述力场分布特征。第五章介绍了新型磁选装备主要部件的设计过程，主要包括分选腔和磁系的设计技术两部分。第六章介绍了新型磁选装备分选过程中颗粒受力分析的理论计算过程和分选理论研究，具体包括分选过程中物料分离过程、松散和行程延长理论的阐述等。第七章介绍了新型磁选机分选模型的构建和分选性能预测的方法。

本书对矿物加工过程专业的生产技术人员、管理人员、研究人员和设计人员而言，是非常有用的；同样，对高等学校有关专业的教师、研究生、本科生和专科生而言，也是重要的教学参考书。

对本书提出的中肯的批评意见，编著者都将欣然接受。

编者
2015 年 9 月

目录 / Contents

第一章 绪论

1.1 我国弱磁性矿产资源及其难选原因

我国的弱磁性矿产资源[1]包括红铁矿[2]、锰矿[3]、黑钨矿[4]和钽铌稀土矿[5]等，随着这类资源的大量开采利用，弱磁性矿产资源的"贫、细、杂"特点日益突出，加上它们有比磁化系数小、易泥化及矿石性质复杂的特点，因此，弱磁性矿产资源的选矿效率低已成为普遍存在的问题。

1.1.1 难选弱磁性矿产资源分布及利用现状

复杂难选铁矿石[6,7]约占我国铁矿石资源总量的20%左右（共计约100亿吨），这类矿石可分为5种：①鲕状赤铁矿，主要分布于湖北、湖南、云南和贵州；②鞍山式贫赤铁矿，主要分布于辽宁鞍山地区；③菱铁矿石，主要分布于陕西和新疆等省；④褐铁矿，主要分布于江西、云南和福建等地；⑤含铁硅酸盐的细粒赤铁矿，主要分布于内蒙古、云南和河南等地。

根据我国2007年普查结果，我国的锰矿资源查明储量约为7.9亿t，其中广西、湖南、云南、贵州、辽宁和重庆六省约占总量的85%左右，主要类型为碳酸锰、氧化锰、共生多金属锰矿、硫锰矿石和锰结核。

我国是世界上钨资源最丰富的国家[4]，在21个省、市和自治区均有分布，其中湖南、江西、河南、广西、福建、广东、甘肃和云南钨的储量占总储量的91%左右，我国钨的产量和消费量均居世界首位，虽然含钨矿物种类很多，但黑钨矿为主要的消耗对象。

我国钽工业储量约为6.1万t[8]，占世界储量的20%左右，铌工业储量约为48.6万t，占世界储量的1.5%左右，主要分布在江西宜春和石城、新疆可可托海和阿勒泰地区、广东横山和永汉、福建南平、湖南香花岭和内蒙古包头等地。

随着资源的不断消耗，弱磁性矿产资源的开发利用在国民经济中的地位日益重要，虽然我国的弱磁性矿产资源储量大，但由于分选难度大，利用现状仍不容乐观。红铁矿[9]（包括赤铁矿、褐铁矿、菱铁矿和镜铁矿）总利用率不到10%，且铁回收率低、难以得到高品质的铁精矿；锰选矿过程中[10-12]，在保证锰回收率的前提下，如何提高精矿的品位是影响锰利用率的主要瓶颈；黑钨矿多数矿山的回收率一般在45%以下[4]，每年在矿泥中损失的钨金属高达20%左右；由于钽铌资源品位低、组分复杂和嵌布粒度细，钽铌选矿工艺复杂、流程长、选矿效率低，且钽铌精矿含杂高，品质常难以保证[13]。

1.1.2 分选影响因素及分选方法

难选弱磁性矿石的特征和分选的影响因素主要有以下几个方面[9, 14]：

（1）颗粒质量小。大多数弱磁性矿物有易碎、易泥化的特点，颗粒粒度小，导致颗粒的动量小，颗粒在流体中跟随流体一起运动，导致颗粒与气泡或介质碰撞动能小，颗粒不容易附着在气泡上或不容易被介质捕捉；异相颗粒之间的质量差异减小。

（2）颗粒的比表面积大。由于颗粒的比表面积比较大，因此颗粒的表面能大，矿泥覆盖、异相凝聚现象严重，在水中的溶解度高，药剂吸附量大。

（3）颗粒的比磁化系数小。颗粒在磁场中所受到的磁力减小，磁化后向磁极运动的动能减小，克服流体阻力的难度增大，与介质的黏着牢固程度减小，与脉石矿物的物理差异减小，当增大背景场强和磁场梯度时，则会导致磁性夹杂更为严重。

为了充分利用好我国的弱磁性矿物资源，科研工作者进行了大量的选矿工艺及设备研究。从目前弱磁性矿物分选工艺来看，重、磁、浮选矿工艺在分选难选弱磁性矿产资源中均有应用，浮选虽然有富集比高、易操作等优点，但由于其适应性较重、磁选差，因此，重选、磁选及重磁联合流程仍是回收这类矿物的重要途径。

河北理工大学白丽梅[15]采用"阶段磨矿—强磁选（SLon）—抛尾—重选（摇床和离心机）"工艺对张家口地区鲕状赤铁矿进行选矿试验，在原矿铁品位47.66%的条件下，获得了品位为61.01%，回收率为47.85%的铁精矿；赣州金环磁选设备有限公司狄家莲和陈荣[16]采用强磁（SLon）—离心分选工艺对海钢北山贫矿进行选矿研究，在原矿铁品位43%的条件下，获得了品位为65.11%，回收率为63.40%的铁精矿；李华[17]采用强磁（SLon）—离心分选工艺对某细粒级赤铁矿进行选矿试验，在原矿铁品位37.03%的条件下，获得品位为63.70%，回收率为50.37%的铁精矿。在锰矿选矿研究中，曾克新等[18]采用单一磁选工艺对品位为6.83%的锰原矿进行选矿试验，获得了品位为22.49%，回收率为64.12%的锰精矿；熊大和等[19]使用立环高梯度磁选机（SLon）对广西木圭松软锰矿、内蒙古金水矿业菱锰矿、内蒙古包头黑锰矿和福建连城氧化锰矿进行试验研究，低品位锰矿经选别后，富集比可达1.44～3.43，回收率可达53%～83%，分选指标良好。在黑钨矿选矿研究中，饶宇欢等[20]采用SLon磁选机—重选（摇床）工艺处理内蒙古某含 WO_3 0.14%的黑钨矿，得到品位为31.35%，回收率为82.92%的钨精矿；

刘清高等[21]采用高梯度磁选—重选(摇床)精选工艺流程对青海某含WO₃0.413%的黑钨矿进行处理,得到品位为66.03%,回收率为75.462%的钨精矿;周晓文等[22]采用离心机精选工艺取代福建某钨矿原有工艺,当给矿含WO₃0.19%时,在工业上取得了品位为22.29%、回收率为65.32%的钨精矿。在钽铌分选研究中[13,23-25],也多采用包括重、磁作业的选矿流程,江西宜春钽铌矿采用磁选—重选工艺为主流程,矿泥中的钽铌采用螺旋溜槽粗选—摇床回收;福建南平钽铌矿[26]采用螺旋溜槽—磁选—重选—浮选的技术路线回收钽铌,最终获得品位Ta₂O₅ 32.57%、Nb₂O₅ 13.07%,回收率(TaNb)₂O₅ 69.92%的钽铌精矿。

由上述文献记载可知[27],由于弱磁性矿物和其他脉石具有密度和比磁化系数的差异,因此磁选(主要为高梯度磁选机)和重选(离心机和摇床)仍是回收此类矿物的主要手段[28-30]。磁选多用于弱磁性矿物回收流程的粗选作业,具有回收率高的特点;重选多用于弱磁性矿物回收流程的精选作业,具有富集比相对较高的特点,为了保证精矿的回收率和品位,矿山多采用重、磁联合流程处理弱磁性矿物。

此外,在物理分选(重、磁)过程中,设备是影响分选效果的重要因素,每一次设备性能地提高,都可以大大提高选矿技术指标,下面对用于弱磁性矿物回收的主要物理分选设备,即高梯度磁选机和离心机的类型、特点、应用情况、分选力场和优缺点进行分析。

1.2 高梯度磁选设备

高梯度磁选是20世纪70年代发展起来的技术[31-47],其特点是在较高背景磁场中加入磁介质,在磁介质周围形成很高的磁场梯度(对钢毛介质而言磁场梯度可达10^5T/m),增大对细粒弱磁性矿粒的捕收能力,最初应用于高岭土提纯、废水处理等领域,目前,已广泛应用于氧化铁矿、锰矿和钨矿等金属回收[48-59]。

高梯度磁选技术经过近几十年来的发展,理论和设备逐渐成熟,在弱磁性物料分选中所起到的作用也越来越突出,其间大致经历了如下几个阶段:

(1)高梯度磁选理论的提出和周期式磁选机的研制。代表设备为美国太平洋电器制造的PEM84高梯度磁选机[60],用于高岭土的提纯。

(2)平环高梯度磁选机的研制。代表设备为瑞典SALA – HGMS480平环高梯度磁选机[61],可以连续作业,用于铁锰等金属选矿。

(3)立环高梯度磁选机的研制。代表设备为美国的铁轮磁选机(Ferrous wheel magnetic separator)[62,63]和捷克的VMS连续式立环高梯度磁选机[64]。

(4)振动、脉动高梯度磁选机的研制[65-74]。代表设备为赣州有色冶金研究所和中南大学联合研制的SLon—1000立环脉动高梯度磁选机[75]。

1.2.1　高梯度磁选设备的类型、特点及应用

根据高梯度磁选机的发展阶段，在每个阶段中选择代表设备进行简要介绍，另对于磁选机而言，磁系是磁选机的"心脏"，造价为整个磁选机的一半左右，因此，对各类型磁选机的磁系及其特点进行介绍。

1)PEM84 周期式高梯度磁选机

PEM84 周期式高梯度磁选机的构造见图 1-1，主要是由螺旋管磁系、分选腔和钢毛介质等构成。

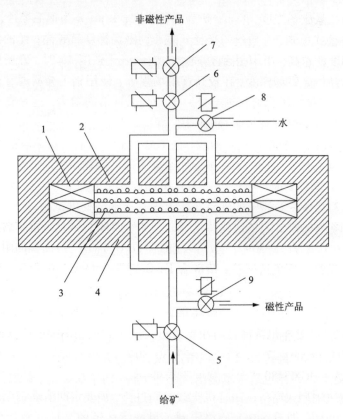

图 1-1　PEM84 周期式高梯度磁选机

1—螺线管；2—分选腔；3—刚毛介质；4—铁铠；

5—给料阀；6—排料阀；7—流速控制阀；8、9—冲洗阀

磁系是由圆柱形螺线管、铁铠和磁极头组成，螺线管的内、外直径为 2.1 m 和 2.8 m，高为 1 m，激磁螺线管由空心铜管绕制而成，铜管总匝数为 320 匝，铜管总重为 20 t。线圈铜充填率为 0.75，电流密度为 3.2×10^6 A/m²，额定电流

3000 A, 激磁功率 420 kW。激磁线圈用水冷散热, 线圈控制温度在 35℃ 左右。铁铠和磁极头为工程纯铁所制, 铁铠截面积为磁极头的 2.6 倍, 纯铁消耗量为 110 t。螺旋管磁系和线圈 - 铁芯磁系相比的优点是, 从小磁体放大至大磁体时, 设备所需的激磁功率与螺线管直径呈一次方比例增大, 而生产能力与之呈平方比例增加, 因此, 设备越大越经济。

PEM84 高梯度磁选机采用导磁不锈钢毛为分选介质, 沿磁场方向靠近介质丝时, 磁场强度和磁场梯度分别为:

$$H = H_0 + M/2 \qquad\qquad (1-1)$$
$$\mathrm{grad}H = M/a \qquad\qquad (1-2)$$

式中: H_0 为背景磁场强度, T/m; M 为磁化强度, T/m; a 为钢毛半径, m。

由上述公式可知, 介质丝的半径 a 越小, 磁场梯度就越高; 丝的磁化强度越高, 磁场梯度就越高, 当 M 达到介质丝的饱和磁化强度 M_s 时, 磁场梯度不再随 M 变化, 达到最高磁场梯度。在较高背景场强下, 使用钢毛介质通常磁场梯度可达到 10^5 T/m, 颗粒所受到的磁力可几十乃至上百倍的增大, 这是高梯度磁选机能够有效捕捉弱磁性细粒级矿物的原因。

PEM84 周期式高梯度磁选机的改良产品, 如中南工业大学(现中南大学)研制的干式振动高梯度磁选机主要被应用于非金属的除铁研究。中南工业大学选矿系磁选实验室曾对多种矿石进行过干式振动高梯度磁选试验[76], 如对徐州矿务局含 Fe_2O_3 2.15% ~2.30% 的硬质高岭土进行振动高梯度试验, 经一段脱铁, 精矿含 Fe_2O_3 降至 0.83%, 精矿产率为 86.13%, 两段脱铁后, 精矿含 Fe_2O_3 降至 0.72%, 精矿产率为 78.50%; 对广西灌阳含 Fe_2O_3 1.3% ~1.5% 的耐火材料进行一次干式振动高梯度磁选试验, 精矿含 Fe_2O_3 降至 0.69% ~0.75%, 精矿产率为 85% ~90%。张金明等[77] 采用干式高梯度磁选机对原矿含 Fe_2O_3 13.55% 的大同电厂粉煤灰进行试验, 一次选别后可得到含 Fe_2O_3 3.69%, 产率为 60.28% 的精灰。冯定五等[78] 对连州某钾长石粉料进行一次干式振动高梯度磁选试验, Fe_2O_3 含量由 0.41% 降至 0.27%, 精矿产率为 80.80%。

2) SALA - HGMS480 平环高梯度磁选机

为了解决周期式高梯度磁选机空载时间过长、需要定期清理钢毛介质及设备维修不便的问题, 瑞典 SALA 公司研制了可连续运转的高梯度磁选机, SALA - HGMS480 平环高梯度磁选机见图 1 - 2, 由磁系、转环、给矿装置和排矿装置等组成。

磁系: SALA - HGMS480 平环高梯度磁选机保留了周期式设备磁系的特点, 磁系是由线圈、铁铠和上下磁极组成, 线圈端部翘起来, 成为鞍形, 可提供 0.5 T 的额定背景场强, 上下磁极之间的空间为分选环运行的通道, 磁极头上有很多槽孔, 矿浆通过槽孔进入位于分选环的分选盒中, 矿浆流向和磁场方向平行, 分选

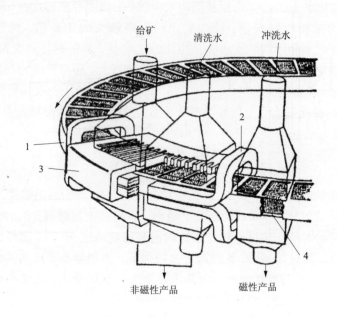

图 1-2   SALA - HGMS480 平环高梯度磁选机
1—旋转分选环；2—鞍形螺线管线圈；3—铠装螺线管铁壳；4—分选箱

介质的轴向和磁场方向垂直，因此，介质上下表面的磁力最大，流体阻力最小，容易将细颗粒捕收在介质的上下表面。转环由非磁性材料制成环直径为 4.8 m，内装拉板网做分选介质，介质宽为 1.5 m。

20 世纪 70 年代后期，国内也进行了平环高梯度磁选机的研究，并在工业上进行了应用，如长沙矿冶研究院的 SHP 系列平环高梯度磁选机。辛业薇[79]采用 SHP - 500 对调军台选矿厂 TFe 品位 18.72% 的原矿进行两段磁选试验，可获得品位为 33.40%，回收率为 80.60% 的铁精矿；余祖芳[80]采用 SHP—1000 对含锰品位 17% ~33% 福建连城锰矿进行磁选试验，最终获得品位为 47% 左右、回收率大于 80% 的锰精矿。翁启浩[81]采用 SHP - 2000 对遵义某锰品位 20.21% 的碳酸锰矿进行一粗一扫两段磁选试验，可获得品位为 23.75%，回收率为 88.20% 的锰精矿。王素玲等[66]采用 SHP - 500 对酒钢 TFe36.69% 的原矿进行一粗两扫全磁选流程试验，最终可获得品位为 50.05%，回收率为 78.09% 的铁精矿。

3）铁轮式高梯度磁选机和 VMS 连续式立环高梯度磁选机

为了解决 SALA - HGMS480 平环高梯度磁选机对给矿粒度要求严格、容易堵塞的问题，美国贝特曼（Bateman）设备公司研制了铁轮式高梯度磁选机，铁轮式高梯度磁选机构造见图 1 -3，由磁系、转环、给矿装置和排矿装置等组成。

铁轮高梯度磁选机由 16 个立环组成，每个环的下部装有一对永磁体，磁力线

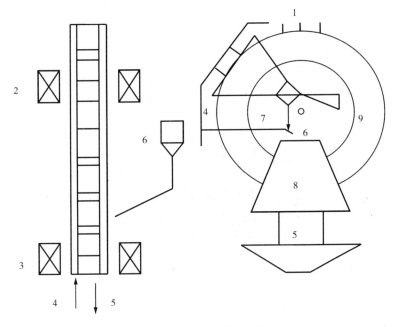

图 1-3 铁轮式高梯度磁选机

1—喷嘴；2、3—磁系；4—冲洗；5—非磁性产品；
6—给矿；7—冲洗；8—磁性产品；9—转环

水平穿过转环，处理量为 50～80 t/h，这种设备的优点是造价低、耗电少，缺点是背景场强低。随后，捷克布拉格选矿研究所研制出 VMS 连续式立环高梯度磁选机，该机由两个主环构成，磁系位于立环上部(立环直径为 1.35 m)，其磁路保存了马斯顿磁路的特点，背景场强可达 1.35 T，矩形截面水冷螺线管，激磁功率为 148.5 kW，处理量为 25～30 t/h。

立环高梯度磁选机的最大特点是改平环为立环，实现了精矿的反向冲洗，粗颗粒不必穿过磁介质堆就能被冲洗出来，因此不易堵塞，但由于机械夹杂等原因，该类磁选机的分选指标并不比平环高梯度磁选机更好，欲得到较高品质的精矿，需要细磨和多次选别才能实现，这导致了生产成本的增加和磁性物料回收率的降低。

4) SLon—1000 立环脉动高梯度磁选机

为了解决高梯度磁选机易堵塞和精矿品位低的问题，中南矿冶学院(现中南大学)于 1981 年开始研究振动和脉动高梯度磁选，先后进行了实验室型振动或脉动高梯度磁选机选矿试验研究，而后，赣州有色冶金研究所和中南工业大学于 1987 年合作研制出 SLon—1000 立环脉动高梯度磁选机，并在马钢姑山铁矿进行了工业试验。

SLon—1000 立环脉动高梯度磁选机的构造见图 1−4，该机主要是由磁系、分选立环和脉动机构组成。

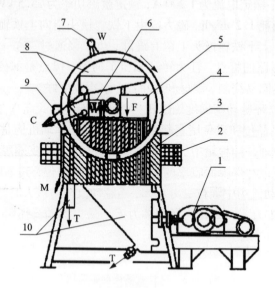

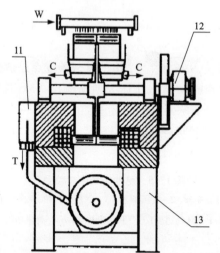

图 1−4　SLon—1000 立环脉动高梯度磁选机的构造

1—脉动机构；2—线圈；3—铁轭；4—分选立环；5—给矿斗；6—漂洗水斗；

7—精矿冲洗装置；8—精矿斗；9—中矿斗；10—尾矿斗；

11—液位显示器；12—分选环驱动装置；13—机架；14—液位线

F—给矿；W—清水；C—精矿；M—中矿；T—尾矿

磁系：该机的磁系由电工空心铜管绕制的激磁线圈、一块下铁轭、两块上铁轭和两块月牙板构成，上下铁轭之间的弧形空间为选矿区，磁系磁包角为90°。线圈使用截面为 22 mm×18 mm×5 mm 的空心铜管绕制，激磁线圈共绕 8 层，每层11 匝，总计 88 匝，额定电流为 1 200 A，额定激磁功率为 25.5 kW，螺线管采用水冷散热，冷却水消耗 1.2 m³/h。磁力线由下铁轭极头指向上铁轭极头，然后沿铁轭形成闭合回路，上下铁轭极头上留有缝隙，供矿浆通过。这一磁系在一定程度上保留了马斯顿磁路的特点，且为转环预留了通道，优点是漏磁小、磁路短、激磁功率小、矩形线圈易绕制、铜材利用率高，水冷效果好。

SLon—1000 立环脉动高梯度磁选机另一大创新是在设备中加设了脉动装置，这对提高磁性产品品位和避免堵塞起到了重要作用。脉动机构是由冲程箱和橡胶隔膜组成，工作原理是冲程箱中的连杆往复运动，带动橡皮隔膜挤压分箱中流体上下脉动。脉动可以在保障回收率的同时，提高精矿品位，其工作原理如下：

由图 1-5 脉动流场中颗粒受力可知，当脉动流体力最大时，作用在颗粒上的竞争力 F_C 主要由重力 F_g、斯托克斯流体力 F_d、最大脉动流体阻力 $(R_d)_{max}$ 和最大脉动惯性力 $(R_a)_{max}$ 组成。其中：

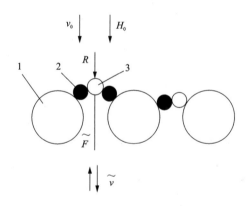

图 1-5　脉动流场中颗粒受力
1—磁性介质丝；2—磁性颗粒；3—非磁性颗粒；V_0—流体速度；
$\tilde{v}$—脉动速度；$\tilde{F}$—脉动流体力；H_0—背景场强

$$F_g = \frac{4\pi}{3}b^3(\rho_p - \rho_f)g \qquad (1-3)$$

$$F_d = 6\pi\eta b v_0 \qquad (1-4)$$

$$(R_d)_{max} = 12\pi^2\eta bsf \qquad (1-5)$$

$$(R_a)_{max} = \frac{16}{3}\pi^3 b^3 \rho_f sf^2 \qquad (1-6)$$

式中：b 和 ρ_p 分别为颗粒的半径和密度，m、kg/m³；ρ_f、η 和 v_0 分别为流体的密度、

动黏度系数和流速，kg/m³、N·s/m²和m/s；g 为重力加速度，m/s²；s 和 f 分别为脉动的冲程和频率，m，n/min；见图1-6。

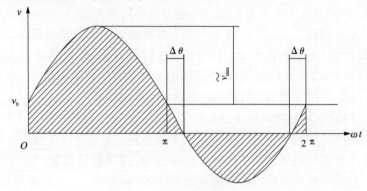

图1-6 脉动流体速度曲线

根据磁性产品品位和竞争力之间的关系可知，无脉动时，磁性产品品位为：

$$\beta_{\mathrm{m}} = \frac{\beta_{\max}}{1 + AK' \dfrac{F_{\mathrm{i}}}{F_{\mathrm{g}} + F_{\mathrm{d}}}} \tag{1-7}$$

有脉动时，磁性产品品位为：

$$\beta_{\mathrm{m}} = \frac{\beta_{\max}}{1 + AK' \dfrac{F_{\mathrm{i}}}{F_{\mathrm{g}} + F_{\mathrm{d}} + (R_{\mathrm{d}})_{\max} + (R_{\mathrm{a}})_{\max}}} \tag{1-8}$$

式中：β_{m} 为磁性产品的品位，%；$\beta_{\max}$ 为纯磁性矿物的理论品位，%；A 为给料中非磁性矿物和磁性矿物的质量比；k' 为比例系数；F_{i} 为颗粒之间的作用力，N。

由于在立环脉动高梯度磁选机中，$(R_{\mathrm{d}})_{\max}$ 通常为 F_{d} 的 15 倍，并且方向交替改变，因此能够提高磁性产品的品位。

SLon—1000 立环脉动高梯度磁选机可保证磁性产品的回收率，其原理见图1-7。颗粒在磁介质中的轨道，颗粒的捕收率除与磁力对竞争力的比值有关外，还与磁性颗粒穿过磁介质堆的极限网板层数有关。

当无脉动时高梯度磁选机中的回收率可表示为：

$$R_{\mathrm{m}} = 1 - \exp(-n_0 c' \frac{F_{\mathrm{m}}}{F_{\mathrm{g}} + F_{\mathrm{d}}}) \tag{1-9}$$

$$n_0 = L / \Delta L \tag{1-10}$$

脉动高梯度磁选机中的回收率可表示为：

$$R_{\mathrm{m}} = 1 - \exp(-n c' \frac{F_{\mathrm{m}}}{F_{\mathrm{g}} + F_{\mathrm{d}} + (R_{\mathrm{d}})_{\max} + (R_{\mathrm{a}})_{\max}}) \tag{1-11}$$

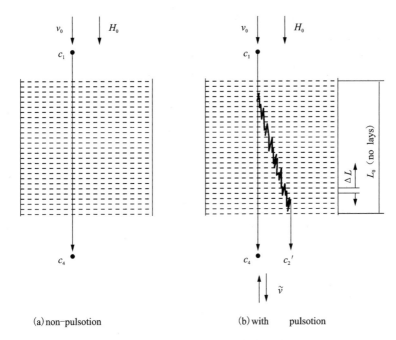

(a)non-pulsotion   (b)with   pulsotion

图 1 – 7 颗粒在磁介质中的轨道

$$n = (1 + \frac{\nu_0}{\bar{\nu}})n_0 \qquad (1 - 12)$$

式中：n 为可供磁性颗粒穿过磁介质堆的极限网板层数；c' 为调节系数；L 和 ΔL 分别为磁介质堆的高度和网板层间的距离，m；v_0 和 $\bar{\nu}$ 分别为流体流速和脉冲平均速度，m/s。

由上面公式可知，在高梯度磁选机中增加脉动后，虽然竞争力项的增大可能会导致磁性颗粒回收率的降低，但由于在脉动高梯度磁选机中 $\bar{\nu}/v_0 \approx 4 \sim 5$ 和 $n/n_0 \approx 5 \sim 6$，即磁性颗粒与分选介质网板的碰撞几率大大增加，而且由于脉动方向的改变，介质板的上下表面可以等效地捕收磁性颗粒，因此可以在很大程度上补偿增大竞争力引起的回收率的损失。

SLon 系列立环脉动高梯度磁选机在金属和非金属领域都取得了广泛的应用，朱格来等[82]使用 SLon – 2000 与 φ3200 平环强磁机对包钢铁矿进行工业对比试验，结果表明：SLon 磁选机可比平环磁选机提高铁精矿品位 4.05%，提高回收率 16.72%；敖慧玲[83]采用 SLon—1000 对某微细粒钛铁矿进行磁选试验，当给矿 TiO_2 11.36% 时，可获得品位为 23.32%，回收率为 51.68% 的钛精矿；范志坚等[84]采用 SLon—1000 磁选机对某长石矿进行除铁试验，一次性除铁率可达 81.85%，长石精矿中的 Fe_2O_3 含量降低至 0.06%。贺政权[85]采用 SLon—1000 处理给矿品位为 2.71% REO 的稀土矿，可获得精矿品位为 5.72% REO，回收率为 52.51% 的稀土精矿。管建红[86]采用 SLon – 1000 对平果铝业公司铝土矿拜耳法赤泥进行试验研究，当赤泥含 TFe19.00% 时，可获得含 TFe 54.70%，回收率为 35.36% 的铁精矿。

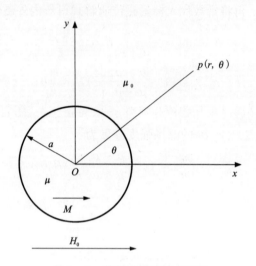

图 1 – 8　单丝磁场特性求解图

1.2.2　高梯度磁选设备的分选力场

铁磁性丝介质场即为高梯度场，研究高梯度力场即为研究磁介质周围的力场，高梯度磁选机中介质丝周围的磁场梯度可高达 10^5 T/m，这是其能实现弱磁性矿物分选的原因。下面为高梯度磁选机中单丝介质周围的磁场特性的研究，在均匀磁场中的单丝磁场特性求解图见图 1 – 8。

丝内外磁场为无源、无旋场，标量磁位 u 满足拉普拉斯方程 $\nabla^2 u = 0$，在柱坐标系中，因为 $\partial^2 u / \partial^2 z = 0$，所以拉普拉斯方程为：

$$r \frac{\partial u}{\partial r}(r \frac{\partial u}{\partial r}) + \frac{\partial^2 u}{\partial \theta^2} = 0 \qquad (1 - 13)$$

由分离变量法求得上述方程的通解：

$$u_1 = - C_1 r \cos\theta + A_1 r^{-1} \cos\theta \qquad (1 - 14)$$

$$u_2 = - C_2 r \cos\theta + A_2 r^{-1} \cos\theta \qquad (1 - 15)$$

由边界条件确定常数 C_1、A_1 和 C_2、A_2：①在原点，$r = 0$，设为磁位参考点，$u_1 = 0$，原点场是限定的，因此 $A_1 = 0$；②在无限远处，$r \to \infty$，场强为 H_0，$u_2 = - H_0 r \cos\theta$，所以 $C_2 = H_0$；③在丝表面，$r = a$，$u_1 = u_2$。

根据上述边界条件可确立三个新方程

$$u_1 = - C_1 r\cos\theta \qquad (1-16)$$

$$u_2 = - H_0 r\cos\theta + A_2 r^{-1}\cos\theta \qquad (1-17)$$

$$C_1\mu\cos\theta = \mu_f H_0 \cos\theta + A_2\mu_f r^{-2}\cos\theta \qquad (1-18)$$

先解得各常数,再将常数代入标量磁位通解式得丝内外磁位的表达式:

$$u_1 = - \frac{2\mu_f}{\mu + \mu_f} H_0 r\cos\theta \qquad (1-19)$$

$$u_2 = - (1 - \frac{\mu - \mu_f}{\mu + \mu_f}\frac{a^2}{r^2}) H_0 r\cos\theta \qquad (1-20)$$

式中:铁磁丝内外的磁导率和磁位分别为 μ、μ_f 和 u_1、u_2,H/m。

铁磁丝外任一点 $P(r、\theta)$ 的磁场强度分量为:

$$H_{2r} = - \frac{\partial u^2}{\partial r} = (1 + \frac{\mu - \mu_f}{\mu + \mu_f}\frac{a^2}{r^2}) H_0 r\cos\theta \qquad (1-21)$$

$$H_{2\theta} = - \frac{1}{r}\frac{\partial u^2}{\partial r} = - (1 - \frac{\mu - \mu_f}{\mu + \mu_f}\frac{a^2}{r^2}) H_0 r\sin\theta \qquad (1-22)$$

在 x 轴上时,$\theta = 0$,同时考虑到 $\mu \gg \mu_f$,则磁场强度表达式简化为:

$$H \doteq H_0 + H_0 a^2/r^2$$

求得磁介质作用于磁系颗粒上的磁力为:

$$F_m = - \frac{8\pi R^3}{3}\mu_0 K H_0^2 [1 + \frac{a^2}{(a+R)^2}] \frac{a^2}{(a+R)^3} \qquad (1-23)$$

式中:μ_0 为真空磁导率,H/m;K 为物质的体积磁化系数;H_0 为背景场强,A/m;R 为颗粒半径,m;a 为磁介质丝半径,m。

由式(1-23)可知,在背景场强不变的情况下,颗粒所受磁介质的磁力与介质丝的半径成反比关系,因此,介质丝半径减小时,颗粒所受到的力会几十倍乃至上百倍地增大;同时,磁力与介质丝和颗粒之间距离呈正比关系,也就是说介质丝的磁力范围很小(需要颗粒和磁介质发生有效碰撞),随着颗粒距磁介质距离的增大,颗粒所受磁力反比减小。

1.2.3 高梯度磁选设备的优缺点

高梯度磁选技术自20世纪70年代初发展到现在,理论和设备不断突破和创新,且已在工业上得到大规模的应用,不管在金属矿还是在非金属矿选矿工艺中都起到了十分重要的作用,成为处理细粒乃至微细粒弱磁性物料的主要选矿方法之一。

随着人们对高梯度磁选技术的广泛重视,在认识其优点的同时,也发现高梯度磁选体系的复杂特性及其给分选带来的困难[87-92]。

（1）分选体系中物化性质复杂。微细颗粒的比表面大、表面能和表面活性大，颗粒之间的无选择性团聚、体系凝聚严重，降低了磁选的选择性和分选效率。

（2）夹带、夹杂严重。高梯度磁选设备的分选空间小，介质阻滞作用大，流体紊动能力弱，机械夹杂现象严重。

（3）颗粒运动受流体力影响大。随着颗粒半径的减小，颗粒所受到的磁力减小，颗粒运动所受流体力影响变大，颗粒向磁极运动克服流体阻力难度增大。

（4）精选效率低。高梯度磁选机虽在粗选作业中表现优良，但在精选作业中效率较低，这是由磁选机的单一力场决定的。当原矿品位比较低（含 Fe 量 < 30%），且矿石性质复杂时，在全磁流程中，很难得到高品质的铁精矿（含 Fe 量 > 60%），很多弱磁性矿物无法在全磁流程中获得高品质精矿。

1.3　离心选矿机

随着"贫、细"物料分选难度的增大，重选这一历经几千年发展的技术，再次被研究者所重视[93-98]，俄罗斯国家选矿研究设计院 A·B·波格丹诺维奇[99]提出"未来的选矿技术，在离心力场中分选矿物颗粒"，其原因是离心力场能通过"强化重力"这一特性，为细粒级回收提供多种分选的理论可能，近几十年来，一大批离心设备如尼尔森选矿机（Knelson concentrators）[100-103]、法尔康选矿机（Falon concentrators）[104-106]和 SLon 离心机[107,108]相继出现，降低了传统重选的粒度分选下限，拓展了重选在选矿工艺中的应用范围，使重选在细粒级分选中的地位越来越重要。下面以尼尔森、法尔康选矿机和 SLon 离心机为例，对离心选矿设备作一介绍。

1.3.1　离心选矿机的类型、特点及应用

1）尼尔森选矿机

尼尔森选矿机是目前应用最广的离心选矿设备之一，于 1980 年开始用于加拿大的金矿回收，目前，已有数以千台应用于近百个国家。试验室 $\phi7.5$ cm 尼尔森选矿机结构示意图见图 1-9。

尼尔森选矿机的主要部件为聚氨酯分选腔，分选腔的内壁顶端有 5 个环形沟槽，分选腔顶部的直径为 7.5 cm，内壁倾角为 15°，分选腔壁处最大离心强度为 60 倍重力，给料从中间给料管给入，压力水从分选腔外部水腔沿分选腔旋转切向方向给入，脉石随矿浆流从分选腔上部排出，比重、粒度大的精矿吸附在分选腔的内壁。

尼尔森选矿机的分选原理主要有两个方面：①由于颗粒的粒度、密度差异，流体作用于颗粒上的离心力的差异；②切向冲洗水对近分选腔壁物料的分散作用和对颗粒径向沉降速度的改变。

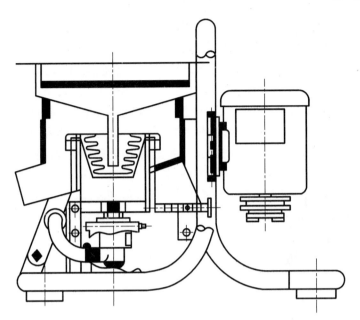

图 1-9　试验室 φ7.5 cm 尼尔森选矿机结构示意图

　　根据流体力学方程，可知在斯托克斯定律范围内矿粒在尼尔森选矿机中的瞬时径向沉降速度方程：

$$\frac{\mathrm{d}r}{\mathrm{d}t} = \frac{D^2(\rho_p - \rho_f)r\omega^2}{18\mu} - v_f \qquad (1-24)$$

式中：r 是固体颗粒在某瞬时 t 的径向位置，m；D 是颗粒的直径，m；ρ_p 是颗粒的密度，kg/m^3；ρ_f 是液态介质的密度，kg/m^3；μ 是液态介质的黏度，$N \cdot s/m^2$；v_f 是切向冲洗水的速度，m/s；ω 是分选腔的旋转速度，rad/s。

　　由上式可知，当固定分选腔旋转速度 ω，即颗粒所受的离心力一定时，通过改变切向冲洗水的速度 v_f，可以改变颗粒瞬时沉降速度的大小；当切向冲洗水的速度 v_f 时，通过改变分选腔旋转速度 ω，即颗粒所受的离心力，同样可以改变颗粒瞬时沉降速度的大小。

　　2）法尔康选矿机

　　随着物理复合力场在重选领域的介入，近年来，美国和加拿大将高强度的离心力场引入到选矿过程中，并成功开发出多种离心选矿机，如多产品重选机、离心选矿机、离心跳汰机和分选床等，其共同原理是将离心力场引入重力分选过程（如流膜和跳汰），由于强大的离心力场可以增大不同密度和粒度物料在流场中的沉降速度差异，从而降低了颗粒粒度回收下限，提高了作业选矿效率。在众多设备之中，Falcon 选矿机被认为是目前最有效的细粒重选设备之一，Falcon 选矿机外形图和转筒结构分别见图 1-10 和图 1-11。

Falcon 选矿机的核心部件为立式塑料旋转分选腔,分选腔上端有来复槽,来复槽的底部均匀地钻有小水孔,通过反向冲洗水(反向冲洗水的方向与颗粒在离心力场中的沉降方向相反)来松散靠近分选腔内壁的重矿床,Falcon 选矿机区别于其他分选机的特征之一是分选腔中的分选腔和缓冲板可将进入分选腔的矿物均匀分配至器壁上,另一特征是能产生强大的离心加速度,最大能达到重力加速度的 300 倍,高强度的离心力可以增大矿石颗粒的沉降速度差异,加快细颗粒向分选腔壁运动的沉降速度,缩短沉降时间。

图 1-10 Falcon 选矿机外形图

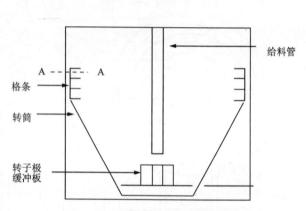

图 1-11 Falcon 选矿机转筒结构

目前,国内的 Falcon 选矿机主要应用于金、钨、锡等选矿厂,简胜等[109]采用 Falcon 选矿机对云南某多金属矿的含锡尾矿(Sn 品位 0.26% 左右)进行选矿研究,经离心—摇床重选工艺处理后,可得到品位为 31.40%,回收率为 11.84% 的锡精矿;谭兵[110]采用 Falcon 选矿机对云南某高硫高砷金矿进行选矿研究,当原矿含金 9.2 g/t 时,可获得品位为 360.52 g/t,回收率为 93.93% 的金精矿;梁溢强等[111]采用 Falcon 选矿机对云南某多金属钨钼矿进行选矿研究,当原矿含 WO$_3$ 品位为 0.209% 时,可获得品位为 1.05%,回收率为 83.38% 的钨精矿;

3)SLon 离心机

针对细粒级铁矿的回收问题,哈尔滨工业大学和赣州金环磁选设备有限公司联合研制出一种水射流连续式离心分选设备(SLon 离心机),其特点是分选腔卧式旋转,设备工作时连续给、排矿,SLon 连续式离心机结构见图 1-12,主要由离心转鼓、机架和转鼓电机等组成。

SLon 连续式离心机与尼尔森和法尔康选矿机不同之处在于没有反向冲洗水，而配置了一个装置于转鼓内腔上部的水射流装置，射流装置可以作有规则的运动，可以喷射高速的水射流束，持续冲洗附着在转鼓内壁上的精矿层，在射流束的压力下，压实精矿层中颗粒之间的集结力降低，精矿层变松散，给矿装置不断给矿，转鼓上连续生成精矿层，高压水束连续将新生成的精矿层卸落，实现连续的给、排矿。影响 SLon 离心机分选的因素主要有：①给矿性质，包括给矿的粒度、密度、矿石性质、矿浆浓度和给矿速度；②转鼓因素，包括直径、锥角、壁面粗糙度和转速；③射流性质，包括射流的水压、射流角度和频率。只有三个因素互相配合，才能取得好的分选指标。

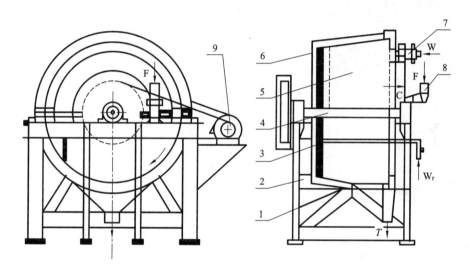

图 1 - 12 SLon 连续式离心机结构

1—离心转鼓；2—机架；3—漂洗水装置；4—转鼓主轴；5—精矿收集装置；6—防护机罩；
7—卸矿装置；8—给矿装置；9—转鼓电机；F—给矿；C—精矿；T—尾矿；W_j—卸矿水；W_r—漂洗水

近几年，赣州金环磁选设备有限公司、江西理工大学等单位在 SLon 连续式离心机应用方面进行了大量工作。陈亮亮等[112]采用 SLonϕ1 600 mm 离心机分选某钨矿细泥浮选精矿，当离心机给矿 WO_3 5.087% ~ 15.01% 时，可获得品位为 12.94% ~ 20.33%，回收率为 79.58% ~ 95.2% 的钨精矿；陈禄政等[107]采用 SLonϕ1 600 mm离心机处理东鞍山含 TFe 为 43% ~ 48% 强磁精矿，最终可获得 TFe 为 58% ~ 63%，回收率为 60% 左右的铁精矿；李华[17]为了考察 SLon 离心机对细粒赤铁矿的选别效果，将北方某选厂和南方某选厂的工业试验指标进行比较，结果表明，SLon 离心机可以有效地提高精矿中铁的品位。吴金龙等[113]采用 SLonϕ1 600 mm 离心机处理细粒含铁 42% 的尾矿（ - 0.074 m 占 90%，其中

−0.019 mm 占50%），最终获得了品位大于63%，回收率大于58%的铁精矿。

1.3.2 离心选矿机的分选力场

以 Falcon 分选机为例，介绍分选腔中受力情况，建立颗粒在分选腔中的动力方程，假设单个颗粒在 t 时刻以 u_p 大小的速度运动，u_p 在直角坐标系中沿 x 径向、y 切向和 z 轴向有三个速度分量，分别为 u_{px}、u_{py} 和 u_{pz}。颗粒在离心力场中的三维运动见图 1−13。

颗粒所受的力有惯性力 F_I、重力 f_g、离心力 F_c、重力场中的浮力 f_b、离心力场中的浮力 F_b、阻力（曳力）F_d 和质量附加力 F_a，关于力的方程如下：

$$F_I = -\frac{\pi}{6}d_p^3 \rho_s \frac{du_p}{dt} \tag{1-25}$$

$$f_g = mg = \frac{\pi}{6}d_p^3 \rho_s g \tag{1-26}$$

$$F_C = mg = \frac{\pi}{6}d_p^3 \rho_s r\omega^2 \tag{1-27}$$

$$f_b = mg = \frac{\pi}{6}d_p^3 \rho g \tag{1-28}$$

$$F_b = mg = \frac{\pi}{6}d_p^3 \rho r\omega^2 \tag{1-29}$$

$$F_d = \frac{\pi d_p^2}{4}\frac{C_D}{2}\rho |u_r| u_r \tag{1-30}$$

$$F_{dx} = \frac{\pi d_p^2}{4}\frac{C_D}{2}\rho |u_r|(u_{px} + u_{fx}) \tag{1-31}$$

$$F_{dz} = \frac{\pi d_p^2}{4}\frac{C_D}{2}\rho |u_r|(u_{fz} - u_{pz}) \tag{1-32}$$

$$F_a = \frac{\pi d_p^3}{12}\rho \left[\frac{du_p}{dt} - \frac{du_f}{dt}\right] \tag{1-33}$$

式中：d_p 为颗粒的直径，m；ρ_s 为颗粒的密度，kg/m^3；u_p 为颗粒的运动速度，m/s；m 为颗粒的质量，kg；g 为重力加速度，m/s^2；r 为颗粒所在位置与圆心之间的距离，m；ω 为颗粒旋转的角速度，ρ 为流体的密度，kg/m^3；u_r 为流体与颗粒之间的相对速度，m/s；u_f 为流体的运动速度，m/s；C_D 为颗粒在流体介质中的雷诺数函数；F_{dx} 为颗粒在 x 方向的阻力，N；F_{dz} 为颗粒在 z 方向的阻力，N。

1) 颗粒在径向 x 方向的动力学方程

$$F_C - F_{dx} - F_b - F_{ax} = m(du_{px}/dt) \tag{1-34}$$

经过整理可以得到颗粒在径向上的动力学方程为：

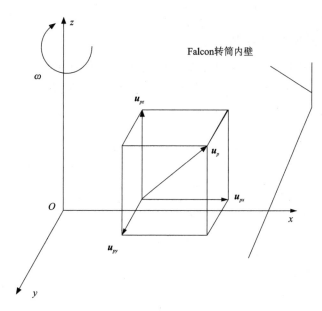

图 1 - 13 颗粒在离心力场中的三维运动

$$\frac{\pi}{6}d_{\mathrm{p}}^{3}(\rho_{\mathrm{s}}-\rho)r\omega^{2}-3\pi\mu d_{\mathrm{p}}\Big[\frac{\mathrm{d}r}{\mathrm{d}t}+u_{\mathrm{fx}}\Big]+\frac{1}{12}\pi d_{\mathrm{p}}^{3}\rho\,\frac{\mathrm{d}u_{\mathrm{fx}}}{\mathrm{d}t}=\Big[\frac{\pi}{6}d_{\mathrm{p}}^{3}\rho_{\mathrm{s}}+\frac{1}{12}\pi d_{\mathrm{p}}^{3}\rho\Big]\frac{\mathrm{d}^{2}r}{\mathrm{d}t^{2}}$$

$$(1-35)$$

假设流体速度不变，即 u_{fx} 不随时间变化，颗粒的瞬时速度接近于颗粒的沉降末速度，即上式右端可以忽略，对上式进行积分，得到沉降时间公式：

$$t=\int_{0}^{R}\frac{\mathrm{d}r}{\dfrac{d_{\mathrm{p}}^{2}(\rho_{\mathrm{s}}-\rho)r\omega^{2}}{18\mu}-u_{\mathrm{fx}}} \qquad (1-36)$$

式中：R 为颗粒运动至内壁的半径，m；μ 为流体的黏度，N·s/m²。

从上式可以看出，颗粒性质和设备参数与颗粒的沉降时间有关，颗粒性质如颗粒的密度（ρ_{s}）、粒度直径的平方（d_{p}^{2}）与沉降时间呈反比关系，离心加速度（$r\omega^{2}$）和流体速度（u_{fx}）与沉降时间呈反比关系，因此离心机通过增大离心加速度可以大大缩短颗粒向内壁沉降的时间。

2）颗粒在轴向 z 方向的动力学方程为：

$$f_{\mathrm{b}}+F_{\mathrm{dz}}-f_{\mathrm{g}}-F_{\mathrm{az}}=m(\mathrm{d}u_{p_{z}}/\mathrm{d}t)$$

经过整理可以得到颗粒在轴向上的动力学方程为：

$$\frac{\pi}{6}d_p^3(\rho - \rho_s)g + 3\pi\mu d_p\left[u_{fx} - \frac{dh}{dt}\right] + \frac{1}{12}\pi d_p^3\rho\frac{du_{fz}}{dt} = \left[\frac{\pi}{6}d_p^3\rho_s + \frac{1}{12}\pi d_p^3\rho\right]\frac{d^2h}{dt^2}$$

$$(1 - 37)$$

假设流体速度不变，即 u_{fx} 不随时间变化，颗粒的瞬时速度接近于颗粒的沉降末速度，即上式右端可以忽略，对上式进行积分，得到轴向移动高度 h 所需要的沉降时间公式：

$$t = \frac{h}{u_{fz} - \frac{d_p^2(\rho_s - \rho)g}{18\mu}}$$

$$(1 - 38)$$

从上式可以看出，颗粒性质和设备参数与颗粒在轴向的沉降时间有关，颗粒性质如颗粒的密度(ρ_s)、粒度直径的平方(d_p^2)与沉降时间呈正比关系，流体速度(u_{fz})与沉降时间呈反比关系。因此，可以通过减小分选腔内壁倾角的方法降低流体在轴向的速度分量，进而增大颗粒在分选腔中的停留时间。

3）颗粒在切向 y 方向的动力学方程

由于分选腔的旋转速度是一定的，因此，可以认为颗粒在切向 y 方向上的运动速度为角速度 ω 和所在位置与中心距离 r 的乘积。

$$u_{fy} = r\omega$$

$$(1 - 39)$$

1.3.3 离心选矿机的优缺点

离心选矿设备可以降低细粒级物料的回收下限，强化细粒级的分选过程，其优点不再详述，但影响细粒回收的难点仍然存在，如物料本身的性质、设备和工艺的不够完善。

1）物料性质

离心力分选是基于物料的粒度和密度差异进行分选的重选过程，有用矿物粒度小，沉降速度慢，与脉石矿物在流场中分离时间长；细颗粒表面能大，异相颗粒容易发生凝聚；流体对细粒级物料的黏滞阻力等，这些都是影响细粒物料在离心机中分选的重要因素，另外，在实际矿物分选中，密度大而粒度小的有用矿物与密度小而粒度大的脉石矿物很难分离。

2）设备因素

设备力场单一，物料的分选主要靠增大或减小分选腔的旋转速度实现，未能利用到颗粒的其他性质，如表面性质差异、比磁化系数的差异等；设备大型化及连续处理存在技术难度。

3）工艺因素

由于颗粒的粒度和密度对离心机的分选效果影响很大，要实现有用矿物和脉石矿物的分离（尤其是密度差异较小的物料），只有对颗粒进行严格的分级才可能获得理想效果,而离心机多于细粒级物料的回收作业,细粒级物料分级难度较大,不分级不仅会导致部分细粒级有用矿物进入尾矿,降低有用矿物的回收率,也会导致部分粗粒级脉石矿物进入精矿,影响精矿的品位。

1.4 小结

根据上述对弱磁性矿物回收工艺、设备特点及其分选原理的总结和分析,可得到下列结论:

(1)高梯度磁选机利用矿物比磁化系数的差异,在高梯度磁场中可以实现磁性矿物和脉石矿物的分离;离心机利用矿物粒度和密度的差异,在高强度的离心力场中可以实现有用矿物和脉石矿物的分离。

(2)两类设备的结构和力场特点决定了它们在选矿作业中的用途,高梯度磁选机在弱磁性物料的粗选作业效果良好,在精选作业中效率较低;离心机在精选作业中往往可以有效提高精矿的品位,但回收率却无法保证,因此,越来越多的试验单位开始重视这两种设备的配合使用[20, 114 - 118]。其中赣州金环磁选设备有限公司和江西理工大学在这方面做了大量工作,试验涉及的矿物类型包括鲕状赤铁矿、鞍山式赤铁矿、黑钨矿、稀土矿等多种矿物类型,取得了良好的分选效果。

(3)随着弱磁性矿物分选难度的增大,复合力场设备的研究工作越来越受到重视,而弱磁性矿物与其他脉石的物理性质差异,主要是密度和比磁化系数的差异,如果在某一种设备的分选过程中同时利用好密度和比磁化系数的差异,则可以大大强化弱磁性矿物的分选,提高设备对物料的分选效率。

1.5 本书研究立题依据和研究内容

磁精矿回收率和品位之间的取舍问题,一直困扰着弱磁性矿物的回收,自高梯度磁选技术出现以来,磁选精矿的回收率得到了大幅度提高,但磁选精矿品位往往难以达到要求。目前,研究人员常通过对强磁选的精矿进行浮选(正浮选或反浮选)或重选(离心机或摇床等)等作业来提高磁精矿的品位,但由于矿物性质越来越复杂,浮选常常难以达到预期效果,而使用重选提高精矿品位,往往要以大量细粒级有用矿物的回收率损失为代价。

为了提高弱磁性矿物的回收效率,在确保精矿品位的前提下,提高精矿回收率,本研究借鉴高梯度磁选设备和离心选矿机的优点,充分利用颗粒密度和比磁化系数的差异,提出设计一种离心力场和磁场结合的新型复合力场设备——旋流多梯度磁选机,研究内容包括旋流多梯度磁选机流场及磁场的仿真分析、分选腔和磁系的设计、颗粒受力计算、单一力场(磁场、离心力场)设备分选性能的试验研究、力场与设备分选性能关系模型的推导、旋流多梯度磁选机的分选性能研究和整机结构及主要部件的设计等内容。

旋流多梯度磁选机是利用磁力、离心力、重力等多种力场的综合效应进行分选的一种新型设备,在物料分选过程中设备同时提供的多种梯度力场(磁力和离心力梯度力场)可有效提高物料的分选效率,它既继承了高梯度磁选机梯度高、磁力大,对细粒级弱磁性矿物强化捕收的优点,又吸收了离心机强化"重力"、可分散物料,加速细粒级颗粒沉降和降低颗粒分选下限的优点,大分选腔设计使常规磁选机的物料堵塞问题不再存在,可有效减轻机械夹杂。旋流多梯度磁选机设计是针对弱磁性矿物物理性质而进行的复合力场分选设备研发的一次全新尝试,期望能给弱磁性物料的回收及复合力场设备的研制带来一些新的启示。

第二章 旋流多梯度磁选机的设计思路

2.1 磁力及离心力场组合方式的选择

在离心场中,物料同时受到离心力和竞争力(包括浮力、惯性力和流体阻力等)作用,粒度、密度大的颗粒,所受离心力大于竞争力;粒度、密度小的颗粒,所受离心力小于竞争力,最终合力决定了颗粒的运动方向,物理性质(粒度和密度)不同的颗粒成为不同的产品。

为使不同物理性质(粒度和密度)的颗粒在离心场中实现有效分选,必要但不是充分的条件是:作用在粒度、密度大的颗粒上的离心力 F_c,必须大于其所受的总竞争力 F_m,与此同时作用在粒度、密度小的颗粒上的离心力 F_c' 必须小于其所受的总竞争力 F_m'。因此,保证有效分选的必要条件是:$(F_m < F_c) > (F_c' < F_m')$。

由此可见,在离心力场中提高物料分选性的条件是:①加大 F_c 与 F_m 的差距;②加大 F_c 与 F_c' 的差距;③加大 F_c' 与 F_m' 的差距。

要增大 F_c 与 F_m、F_c 与 F_c' 的差距,必须充分利用颗粒物理性质的差异。当分离对象为磁性颗粒和非磁性颗粒时,除了利用好它们的密度差异外,利用好颗粒间比磁化系数的差异,可以实现捕捉力与竞争力之间差距的增大。

磁力和离心力在方向上的组合方式,有相同方向、相反方向和相垂直方向三种。当两种力在相互垂直方向上组合时,磁力在离心力方向上的分量为零,即磁力对增大离心力方向上捕捉力不起作用,因此,不予分析。

当磁力和离心力为相同方向的力时,比磁化系数大的颗粒所受捕捉力为 $F_c + F_磁$,所受的竞争力仍为 F_m,因此 $F_c + F_磁 - F_m > F_c - F_m$,满足提高物料分选性的第一个条件;比磁化系数小的颗粒所受捕捉力为 $F_c' + F_磁'$,$F_磁'$ 与颗粒的比磁化系数成正比,假设颗粒粒度相同,则有 $F_磁 > F_磁'$,对于非磁性颗粒 $F_磁' = 0$,因此,$F_c + F_磁 - (F_c' - F_磁') > F_c - F_c'$,满足提高物料分选性的第二个条件;对于非磁性颗粒而言,F_c' 与 F_m' 的大小均未变化,因此,增加磁力后,对非磁性颗粒的捕收几率并未增加。

当磁力和离心力为相反方向的力时,比磁化系数大的颗粒所受捕捉力为 $F_c -$

$F_磁$，所受的竞争力仍为 F_m，因此 $F_c - F_磁 - F_m < F_c - F_m$，不能满足提高物料分选性的第一个条件；比磁化系数小的颗粒所受捕捉力为 $F'_c - F'_磁$，$F'_磁$ 与颗粒的比磁化系成正比，假设颗粒粒度相同，则有 $F_磁 > F'_磁$，对于非磁性颗粒 $F'_磁 = 0$，因此，$F_c - F_磁 - (F'_c - F'_磁) < F_c - F'_c$，不能满足提高物料分选性的第二个条件；对于非磁性颗粒而言，F'_c 与 F'_m 的大小均未变化，因此，当磁力和离心力为相反方向的力时，难以提高比磁化系数不同颗粒之间的分离效率。

由上述分析可知，只有当离心力和磁力为相同方向上的力时，才有利于提高物料的分选性。

2.2　旋流多梯度磁选机的结构和创新点

2.2.1　旋流多梯度磁选机的结构

旋流多梯度磁选机主要由给矿口、尾矿溜槽、激磁线圈、铁轭、磁极、磁介质、回转轴、分选腔、尾矿出口、水腔等组成，分选腔和水腔为不导磁不锈钢材料，旋流多梯度磁选机结构见图 2-1。分选腔由电机带动，分选腔旋转带动矿浆一起旋转，使分选腔中的物料受到离心力作用，由激磁线圈、磁极和铁轭所组成的磁系使分选腔中的磁性物料受到磁力的作用。

2.2.2　旋流多梯度磁选机的分选过程

进行物料分选前，首先打开激磁线圈冷却水阀门，然后打开电源，激磁线圈通过电流后，在分选腔内产生背景磁场，开动分选腔旋转电机，分选腔在电机带动下高速旋转，开动反向冲洗水入口阀门，当尾矿出口有水流出后，开始给矿作业。在离心力、磁力和反向冲洗水的共同作用下，密度大的磁性颗粒在离心力和磁力复合力场作用下向分选腔内壁运动，最终吸附在分选腔内壁的磁介质上，在反向冲洗水的不断淘洗下，获得高品质的磁精矿；密度或比磁化系数小的颗粒则由于受到的离心力和磁力都较小，加上难以克服反向冲洗水的阻力，结果在矿浆的轴向流体力和离心力轴向分力共同作用下，带出分选腔，进入尾矿溜槽，最终成为尾矿，另外，由于分选腔为锥形部件，磁系在轴向可形成上弱下强的磁场分布，有利于磁性颗粒克服轴向流体力和离心力轴向分力。给矿作业完成后，按照停止反向冲洗水，关闭激磁电流，停止线圈冷却水，最后关闭电机的步骤操作，然后卸下分选腔，冲洗出分选腔中的物料，即为精矿。

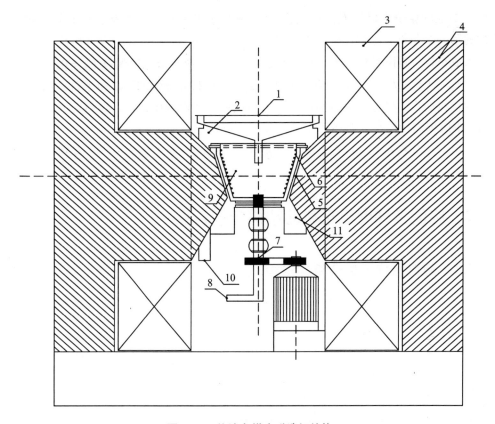

图 2-1　旋流多梯度磁选机结构

1—给矿口；2—尾矿溜槽；3—激磁线圈；4—磁轭；5—磁极；6—磁介质；7—回转轴；
8—反向冲洗水入口；9—分选腔；10—尾矿出口；11—反向冲洗水腔

2.2.3　旋流多梯度磁选机的创新点

（1）旋流多梯度磁选机充分利用了颗粒物理性质的差异，即粒度、密度和比磁化系数的差异，磁力和离心力在同一方向上的叠加，增大了磁性颗粒与非磁性颗粒的受力差异，因此可提高不同物理性质物料的分选性。

（2）在磁场作用下，具有较大比磁化系数的颗粒会发生磁团聚，磁性颗粒的磁团聚相当于增大了磁性颗粒的粒径，有利于磁性颗粒在离心力作用下向分选腔内壁运动，进而增大了磁性颗粒和非磁性颗粒的分选性。

（3）物料旋转运动，与介质表面均匀接触，介质表面都可几率相同地捕获磁性颗粒；磁性颗粒在分选腔中的行程长于传统磁选设备，因此磁性物料有更充足的被磁化和捕捉时间，旋流多梯度磁选机的离心力、磁力和反向冲洗水压均可调节，因此可根据物料物理性质的差异，调节其所受力的比例，使物理性质差异达到最大化。

4）由于整个分选过程在离心力场中进行，且吸附在磁介质上的磁精矿被反向冲洗水不断淘洗，因此，磁精矿对脉石的夹杂会大大缓解，有利于精矿品位的提高，同时，旋流多梯度磁选机具有大分选腔、可宽粒度范围分选的特点，因此堵塞现象不会出现。

第三章　旋流多梯度磁选机的流体力场仿真与分析

对分选腔中的流场进行研究是旋流多梯度磁选机设计中非常重要的一部分内容，为了对分选腔流场特性（包括水平方向和纵向的流场特性）进行研究并为颗粒受离心力计算提供依据，本书采用有限体积分析软件 Fluent 构建关于旋流多梯度磁选机分选腔的 3 – D 模型，并对其在不同转速下的流体运动进行数值运算和分析，最终确定了分选腔内不同位置的流体速度（包括轴向速度、径向速度和切向速度等）分布和流体运动轨迹。

3.1　Fluent 分析理论基础

3.1.1　Fluent 简介

Fluent 是目前国际上比较流行的 CFD 软件包之一[119-122]，在美国的市场占用率高达 60% 左右，凡是涉及流体、热传导或者化学反应方面的工程问题，全都可以使用它进行求解计算。它具有丰富的物理模型、先进的数值处理方法和强大的前后处理功能，可以解决的工程问题包括：①二维、三维流体运动问题；②可压缩与不可压缩流动问题；③稳态和瞬态流动问题；④无黏流、层流及湍流问题；⑤牛顿流体及非牛顿问题；⑥对流与对流交换热耦合问题；⑦辐射换热；⑧惯性坐标系和非惯性坐标系下的流动问题模拟；⑨多运动坐标系下的流动问题；⑩化学组分混合与反应；⑪可用于处理热量、质量、动量和化学组分的源项；⑫可用 Lagrengian 轨道模型模拟稀疏相（颗粒、水滴和气泡等）；⑬多孔介质流动；⑭一维风扇、热交换器性能计算；⑮两相流问题；⑯复杂表面形状下的自由面流动。

Fluent 中的离散原理为有限体积法，即将计算区域划分为一系列的控制体积，将待解的每个控制体积积分得出离散方程，有限体积法的关键在于在导出离散方程过程中，需要对界面上的被求函数本身及其导数的分布作出某种形式的假设。用有限体积法导出的离散方程可以保证具有的守恒特性，而且离散方程系数物理意义明确，计算量相对较小。

Fluent 的软件包由以下几个部分组成：

（1）前处理器。Gambit 是具有强大组合构建模型能力的 CFD 前处理器，用于模型的构建和网格的划分。Fluent 系列软件都是采用其公司自行研制的 Gambit 来构建几何形状和生成网格。

（2）求解器。是流体计算的核心，求解器根据专业的不同，可分为六种类型，①Fluent4.5，基于结构化网格的通用 CFD 求解器；②Fluent6.2.16，基于非结构化网格的通用 CFD 求解器；③Fidap，基于有限元方法，并主要用于流固耦合的通用 CFD 求解器；④Polyflow，针对黏弹性流动的专用 CFD 求解器；⑤Mixsim，针对搅拌混合问题的专用 CFD 求解器；⑥Icepak，专用热控分析 CFD 软件。本书选择 Fluent6.2.16 对分选腔内的流体力场进行计算。

（3）后处理器。Fluent 本身携带了功能强大的后处理功能，可以将数据可视化，对流体速度、湍动能及固相的分布情况进行分析。

3.1.2　Fluent 有限体积分析的理论基础

流体的流动要受质量守恒定律、动量守恒定律和能量守恒定律三大物理守恒定律的支配，下面介绍三大物理守恒定律控制方程式（governing equations）的数学描述形式[123-129]。

1）质量守恒方程（连续方程）

任何流体的流动问题必然满足质量守恒定律。该定律的含义为：单位时间内流体微元体中质量的增加，为同一时间间隔内流入该微元体的净质量。根据定理的内容，可以得到瞬态三维可压流体的质量守恒方程（mass conservation equation）：

$$\frac{\partial \rho}{\partial t} + \frac{\partial(\rho u)}{\partial x} + \frac{\partial(\rho v)}{\partial y} + \frac{\partial(\rho w)}{\partial z} = 0 \qquad (3-1)$$

式中：ρ 为密度，kg/m^3；t 为时间，s；u、v 和 w 为速度矢量在 x、y 和 z 方向上的分量，m/s。

若流体不可压，密度 ρ 是常数，上式变为：

$$\frac{\partial(u)}{\partial x} + \frac{\partial(v)}{\partial y} + \frac{\partial(w)}{\partial z} = 0 \qquad (3-2)$$

若流动处于稳态，则密度 ρ 不随时间变化，式（3-1）变为：

$$\frac{\partial \rho}{\partial t} + \frac{\partial(\rho v)}{\partial y} + \frac{\partial(\rho w)}{\partial z} = 0 \qquad (3-3)$$

2）动量守恒定律

动量守恒定律也是任何流动系统都遵守的基本定律。此定律可描述为：微元体中流体的动量对时间的变化率等于外界作用在该微元体上的各种力矩。根据这一定律，可以推导出 x、y 和 z 三个方向上的动量守恒方程（momentum conservation equation）：

$$\frac{\partial \rho u}{\partial t} + \text{div}(\rho u U) = -\frac{\partial p}{\partial x} + \frac{\partial \tau_{xx}}{\partial x} + \frac{\partial \tau_{yx}}{\partial y} + \frac{\partial \tau_{zx}}{\partial z} + F_x \qquad (3-4)$$

$$\frac{\partial \rho v}{\partial t} + \text{div}(\rho v U) = -\frac{\partial p}{\partial y} + \frac{\partial \tau_{xy}}{\partial x} + \frac{\partial \tau_{yy}}{\partial y} + \frac{\partial \tau_{zy}}{\partial z} + F_y \qquad (3-5)$$

$$\frac{\partial \rho w}{\partial t} + \text{div}(\rho w U) = -\frac{\partial p}{\partial z} + \frac{\partial \tau_{xz}}{\partial x} + \frac{\partial \tau_{yz}}{\partial y} + \frac{\partial \tau_{zz}}{\partial z} + F_z \qquad (3-6)$$

式中：U 为流体的速度，m/s；div 为矢量符号；p 是流体微元上的压力，N；τ_{xx}、τ_{xy} 和 τ_{xz} 是因分子黏性作用而产生的作用在微元体表面上的黏性引力 τ 的分量，N；F_x、F_y 和 F_z 是微元体所受到的体积力，N。

3）能量守恒定律

能量守恒定律是包含热交换过程的流体系统必须满足的基本定律，定律可被描述为，微元体中能量的增加等于进入微元体的净热量加上体力与面力对微元体所作的功。能量守恒方程（energy conservation equation）的数学表达式为：

$$\frac{\partial \rho T}{\partial t} + \text{div}(\rho U T) = \text{div}\left[\frac{k}{c_p} \text{grad} T\right] + S_T \qquad (3-7)$$

式中：c_p 是热容，J/K；T 是温度，K；k 为流体的传热系数；S_T 为流体的内源热及由于黏性作用流体机械能转为热能的部分，J。

3.1.3　3-D 流场仿真策略

下面对本书在流场仿真过程中使用的仿真策略进行介绍[130-138]。

1）Gambit 前处理器

在 Fluent 前处理器 Gambit 中，完成了分选腔模型的构建、流体空间网格的划分及边界的定义。分选腔模型构建过程中，首先构建高级别体，再通过布尔运算，得到分选腔的模型。

Gambit 前处理器可生成结构和非结构网格，也可以生成多种类型组成的混合网格。结构网格就是网格拓扑相当于矩形域内均匀的网格，非结构网格就是网格和单元节点彼此之间没有固定的规律可循，其节点分布完全是任意的，任何空间区域被四面体（三维）单元所填满，混合网格划分则是空间划分后既存在结构网格，又存在非结构网格。本书在划分分选腔空间采用的为混合网格，边界的定义，包括分选腔器壁、分选腔、流体场、流体交换面、速度入流口和压力出流口等。

2）Fluent6.2.16 求解器

Fluent6.2.16 求解器提供两种求解方法，即分离求解和耦合求解。这两种方法的求解对象是相同的，求解的控制方程为连续方程、动量方程和能量方程。在考虑湍流和化学反应时，还要加上湍流方程和化学组元方程。它们的差别在于所使用的线化方法和求解离散方程方法的不同。

分离求解器方法即分别求解各个控制方程的方法，由于控制方程式是非线性的，因此求解必须经过多次迭代才能获得收敛解，图 3 - 1 为分离求解法的计算流程图，分离算法中采用压强速度耦合算法进行计算，具体格式包括 SIMPLE、SIM-PLEC 和 PISO 三种。与分离算法分别求解各个方程相反，耦合算法同时求解连续方程、动量方程和能量方程，上述流场控制方程被求解后，再求解湍流、辐射等方程，所用方法与分离算法相同。计算过程也需要经过迭代才能收敛得出最终解。耦合算法的计算流程见图 3 - 2。本书采用分离求解法中 SIMPLE 格式的对模型进行离散化处理。

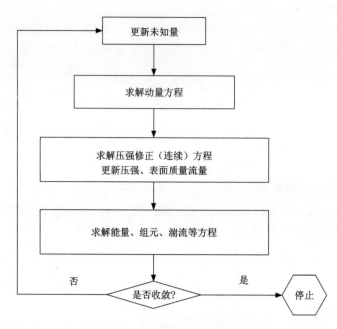

图 3 - 1 分离求解法的计算流程

3）物理模型

Fluent 中采用的物理模型包括基本流动模型、湍流模型、动网格模型、化学反应模型、燃烧模型、PDF 模型、弥散相模型、多相流模型、热交换模型、气动噪声模型和固化与熔化模型等，本书中流体仿真计算所用的模型主要是湍流模型和多相流模型。

Fluent 中采用的湍流模拟方法包括 Spalart - Allmaras 模型、standard（标准）$k - \varepsilon$ 模型、RNG（重整化群）$k - \varepsilon$ 模型、Realizable（现实）$k - \varepsilon$ 模型、$v^2 - f$ 模型、

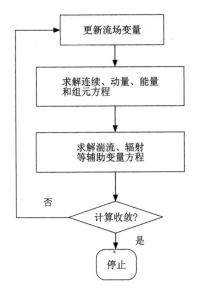

图 3 - 2　耦合算法的计算流程

RSM（Reynolds Stress Model，雷诺应力模型）模型和 LES（Large Eddy Simulation，大涡模拟）模型计算方法。本书中选择标准 $k-\varepsilon$ 模型对流场进行计算，它是由 Launder 和 Spalding 提出，模型本身具有的稳定性、经济性和比较高的计算精度，标准 $k-\varepsilon$ 模型通过求解湍流动能（k）方程和湍流耗散率（ε）方程，得到 k 和 ε 的解，然后再用 k 和 ε 的值计算湍流黏度，最终通过 Boussinesq 假设得到雷诺应力的解，与之对应的运输方程为：

$$\frac{\partial(\rho k)}{\partial t} + \frac{\partial(\rho k u_i)}{\partial x_i} = \frac{\partial}{\partial x_j}\Big[\Big(\mu + \frac{\mu_i}{\delta_k}\Big)\frac{\partial k}{\partial x_j}\Big] + G_k + G_h - \rho\varepsilon - Y_M + S_k \quad (3-8)$$

$$\frac{\partial(\rho\varepsilon)}{\partial t} + \frac{\partial(\rho\varepsilon u_i)}{\partial x_i} = \frac{\partial}{\partial x_j}\Big[\Big(\mu + \frac{\mu_i}{\delta_\varepsilon}\Big)\frac{\partial\varepsilon}{\partial x_j}\Big] + C_{1\varepsilon}\frac{\varepsilon}{k}(G_k + C_{3\varepsilon}G_h) - C_{2\varepsilon}\rho\frac{\varepsilon^2}{k} + S_\varepsilon$$

$$(3-9)$$

式中：G_h 是由于浮力引起的湍动能 k 的产生项，G_k 是由于平均速度梯度引起的湍动能 k 的产生项，$C_{1\varepsilon}$、$C_{2\varepsilon}$ 和 $C_{3\varepsilon}$ 为经验常数，σ_k 和 σ_ε 分别是与耗散动能 k 和耗散率 ε 对应的 Prandtl 数，Y_M 代表可压湍流中脉动扩张的贡献，S_k 和 S_ε 为自定义的源项。

多相流模型包括三种计算方法，即 VOF 法、混合物模型法和 Ω 拉模型法，其中 VOF 模型适合于求解分层流和需要追踪自由表面的问题，比如水面的波动、容器内液体的填充等；混合物和 Ω 拉模型法的区别在于：①如果弥散相粒子广泛分布于流场各处，则采用混合物模型法；粒子集中在流场某区域，则采用 Ω 拉模型；②在确定相间阻力定律适应于所计算的问题时，Ω 拉模型法的计算精度更高，否则，则可选择使用混合物模型法；③混合物模型所需要的系统资源较少，计算速度快，Ω 拉模型精度高，但计算速度长，稳定性也差。结合本算例的特点，选择使用 VOF 法对多相流进行计算。

4）后处理模块

利用 Fluent 本身携带的功能强大的后处理功能，可以将数据可视化，对流体速度、湍动能及固相的分布情况进行分析。

3.2 分选腔模型的构建及流场分析

分选腔的形状是影响分选腔内流场特性的重要因素，借鉴实验室立式离心机（ϕ10 cm 尼尔森）的分选腔的参数，如分选腔内壁倾角和分选腔高度，进行了分选腔的 3 - D 模型构建，并在不同转速（250 r/min、500 r/min、1 000 r/min 和 1 500 r/min）条件下，分别进行了详细的流体力学仿真研究。

3.2.1 分选腔模型的构建

分选腔参数：分选腔锥体高度 64 mm，柱体高度 16 mm，锥体内壁倾角为 15°，锥体顶面直径 100 mm，底面直径 64.7 mm，分选腔对应坐标范围为 $z = 0 \sim 80$ mm、$x = -50 \sim 50$ mm、$y = -50 \sim 50$ mm，分选腔模型及网格的划分见图 3 - 3；模拟对象：模拟介质为水相，水的给入速度为 -0.3 m/s，为了避免反向冲洗水对流体状态的破坏，未设置反向冲洗水参数，分选腔在不同转速（250 r/min、500 r/min、1 000 r/min 和 1 500 r/min）条件下，对分选腔内的流体分别进行了详细的力学仿真研究。

在 Fluent 前处理器 Gambit 中完成分选腔模型的构建、网格的划分和边界定义；采用分离求解法的 SIMPLE 格式对模型进行了离散化处理；采用湍流模型和 VOF 模型对多相流进行计算，最后使用 Fluent 自带的后处理模块将数据可视化，并进行分析。

3.2.2 不同转速下分选腔内流体的迹线

在不同转速下的分选腔内流体的迹线见图 3 - 4。

由图 3 - 4 中不同转速下分选腔内的流体迹线可知：①随着分选腔旋转速度的增大，流体的旋转速度增大；②随着分选腔旋转速度的增大，流体越来越容易靠近分选腔内壁进行旋转运动；③随着分选腔旋转速度的增大，流体迹线之间的距离越来越大，流体进入分选腔后停留时间缩短；④分选腔内流体速度有下部小上部大、远壁处小近壁处大的特征。

图 3 - 3　分选腔模型及网格划分

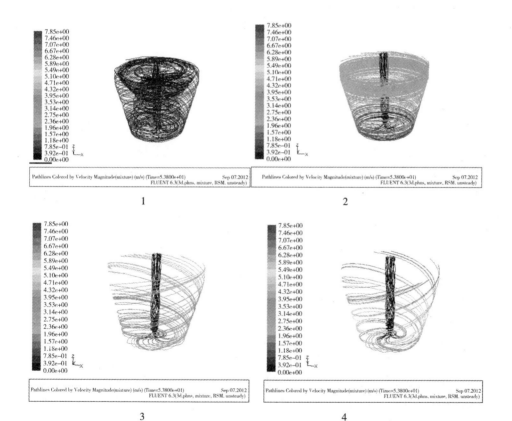

图 3 - 4　不同转速下分选腔内流体的迹线

1—250 r/min；2—500 r/min；3—1 000 r/min；3—1 500 r/min

3.2.3　不同转速下分选腔内流体的径向速度

在不同转速下的分选腔内流体的径向速度见图 3 –5。

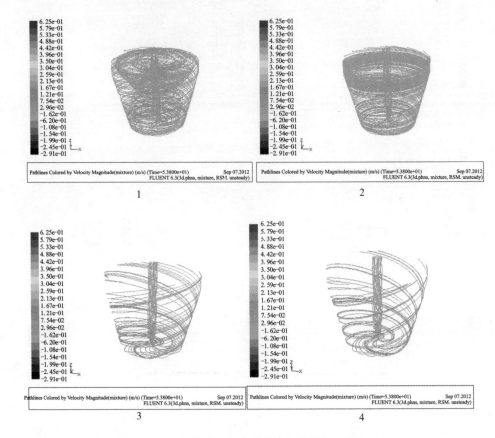

图 3 –5　不同转速下分选腔内流体的径向速度(m/s)

1—250 r/min；2—500 r/min；3—1 000 r/min；4—1 500 r/min

由图 3 –5 不同转速下分选腔内流体的径向速度可知：①在分选腔底部流体径向速度大，流体进入分选腔后迅速向内壁方向运动；②随着分选腔旋转速度的增大，流体进入分选腔后向内壁方向运动的速度增大；③随着分选腔旋转速度的增大，流体完成由分选腔中心至内壁的运动时间缩短。

3.2.4　不同转速下分选腔内流体的轴向速度

在不同转速下的分选腔内流体的轴向速度见图 3 –6。

由图 3 –6 不同转速下分选腔内流体的轴向速度图可知：①从分选腔底部至

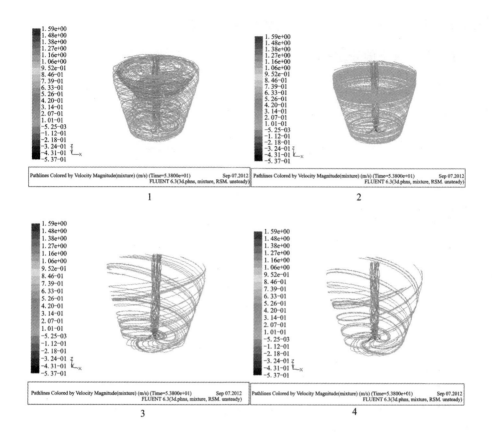

图 3 - 6　不同转速下分选腔内流体的轴向速度(m/s)

1—250 r/min；2—500 r/min；3—1 000 r/min；3—1 500 r/min

顶部，流体轴向速度增大；②随着分选腔旋转速度的增大，流体轴向速度增大，这是导致流体迹线变稀松，导致流体在分选腔中停留时间缩短的原因；③对于流体速度而言，流体在轴向上的速度分量很小(数量级为 10^{-1} m/s)，因此，流体的切向速度是流体速度的主要分量。

3.2.5　不同转速下分选腔内流体的切向速度

在不同转速下的分选腔内流体的切向速度见图 3 - 7。

由图 3 - 7 不同转速下分选腔内流体的切向速度可知：流体的切速度是流体速度的主要分量，切向速度要远远大于流体轴向速度，流体切向速度使流体中的颗粒受到离心力的作用，这是密度和粒度大的颗粒在离开分选腔前能被捕获的主要原因，流体切向速度分布及随分选腔旋转速度变化规律与流体速度的规律

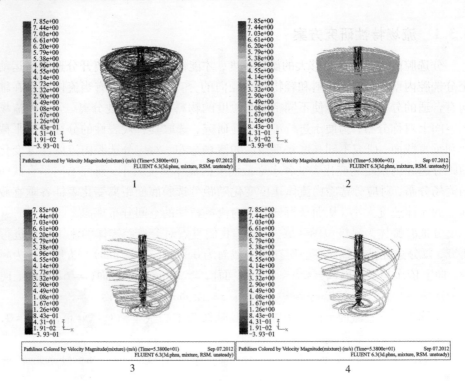

图 3 - 7　不同转速下分选腔内流体的切向速度（m/s）

1—250 r/min；2—500 r/min；3—1 000 r/min；3—1 500 r/min

相似。

3.3　分选腔流场特性研究

分选腔内的流场特性研究，包括四个方面内容：①流场特性研究方案；②特定转速（500 r/min）下，分选腔不同高度上水平截面的流场特性研究；③特定转速（500 r/min）下，分选腔垂直截面的流场特性研究；④不同转速下，分选腔各水平截面上沿直径方向上流体速度分布。物料进入分选腔后，分选腔内流体的旋转运动使颗粒受到离心力作用，颗粒在离心力作用下向分选腔内壁径向运动，由于流体在切向方向有较大的速度分离，而在轴向方向速度分量较小，因此，在颗粒离开分选腔前，分选腔可以实现对其的捕捉。由上可知，分选腔内的流场包括流体的切向、轴向和径向速度分布是重要的研究对象。

3.3.1　流场特性研究方案

分选腔内流体要有足够大的旋转速度，才能保证重物料在离开分选腔前运动至分选腔内壁，实现重物料和轻物料在径向的分离。另外，只有当流体速度在轴向有合适的分量时，才能使不同密度和粒度的物料在轴向实现分离。分选腔流场在空间上对称分布，为便于进行流场特性研究，选取具有代表性的分选腔水平截面和垂直截面，研究不同高度水平截面的流场分布，对应分选腔内流体速度变化随距分选腔内壁距离变化表征各水平截面上的流体速度大小；研究不同垂直截面的流场分布，对应分选腔内流体速度变化随距分选腔底面距离变化表征各垂直截面上的流体速度大小，从而获得分选腔内流场特性的空间分布规律。

分选腔锥体为磁极包围区域，因此，我们重点对分选腔锥体的流场特性进行研究，以分选腔锥体轴线中心所在水平截面为 0 平面（$z = 32$ mm），以 10 mm 为间距，向上依次为 1 平面（$z = 42$ mm）、2 平面（$z = 52$ mm）、3 平面（$z = 62$ mm），向下依次为 −1 平面（$z = 22$ mm）、−2 平面（$z = 12$ mm）、−3 平面（$z = 2$ mm）。

分选腔内垂直截面上的流场以分选腔轴线为中心轴呈轴对称分布，取 $x = 0$，垂直截面为 A – A 垂直截面。

分选腔参数：内壁倾角为 15°；分选腔锥体高度为 64 mm；分选腔转速为 500 r/min。

3.3.2　分选腔各水平截面的流场特性研究

为便于研究分选腔各水平截面上的流场特性，当分选腔转速为 500 r/min 时，以 −3、−2、−1、0、1、2、3 平面上的流场分布为例，对分选腔各水平截面上的流场特性进行详细的分析和讨论。

根据 Fluent 仿真结果，取出数据库中不同的水平截面计算值，显示分选腔各水平截面上流体速度分布云图，见图 3 – 8 。

从图 3 – 8 分选腔各水平截面上流体切向速度分布图可知，7 个水平截面上流体的切向速度分布具有以下特征和规律：①流体切向速度以圆心为起点沿半径方向逐渐增大，即切向速度沿径向存在梯度分布，靠近分选腔壁处强，远离分选腔壁处弱；②随着距离分选腔底面距离的增大，流体切向速度逐渐增大，即切向速度沿轴向存在梯度分布。

不同水平截面上流体切向速度的差别，具体分析如下：

−3 平面上，流体最大切向速度为 1.8 m/s；−2 平面上，流体最大切向速度为 1.9 m/s，；−1 平面上，流体最大切向速度为 2.0 m/s；0 平面上，流体最大切向速度为 2.1 m/s；1 平面上，流体最大切向速度为 2.2 m/s；2 平面上，流体最大切向速度为 2.3 m/s；3 平面上，流体最大切向速度为 2.4 m/s。

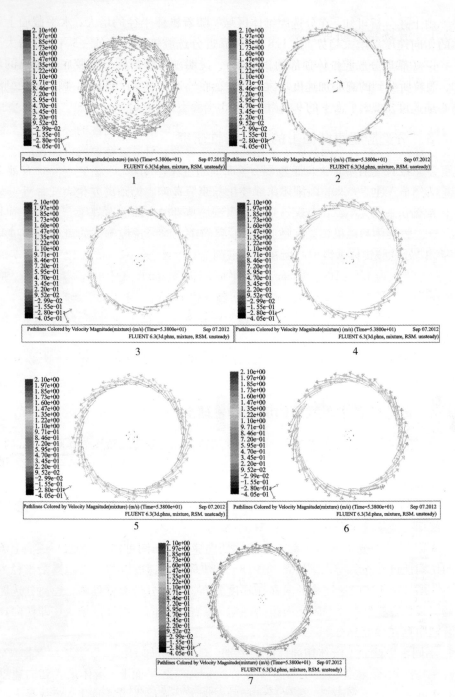

图3-8　分选腔各水平截面上流体切向速度分布图(m/s)

1——-3平面；2——-2平面；3——-1平面；4——0平面；5——1平面；6——2平面；7——3平面；

由上述分析可知，在分选腔锥体区域，随着锥体半径的增大，水平截面上流体的切向速度呈增大趋势，由 1.8 m/s（靠近分选腔锥体底部的 -3 平面）增大至 2.4 m/s（靠近分选腔锥体顶部的 3 平面），说明随着颗粒距分选腔底面距离的增加，颗粒所受到的离心加速度增大，当分选腔转速为 500 r/min 时，颗粒所受到的离心加速度从 -3 平面上的 9.7g 增大至 3 平面上的 11.65g。

3.2.3　分选腔垂直截面上的流场特性研究

分选腔内垂直截面上的流场以分选腔为中心轴呈轴对称分布，取 $x=0$ 垂直截面为 A - A 垂直截面。详细讨论流体场在垂直截面上的速度分布。

根据仿真结果，取出数据库中分选腔垂直截面上的值，显示垂直截面上流体速度图、流体轴向速度图、流体切向速度图和径向速度图，分选腔垂直截面上的流场速度分布见图 3-9。

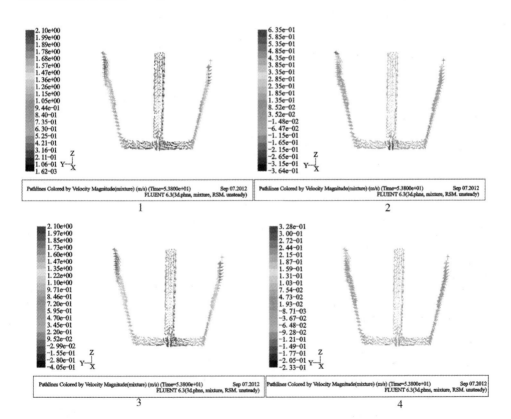

图 3-9　分选腔垂直截面上的流场速度分布（m/s）

1—垂直截面上流体速度图；2—流体轴向速度图；3—流体切向速度图；4—流体径向速度图

由图 3-9 垂直截面上流体速度云图可知,分选腔带动周围的流体一起旋转运动,流体在切向速度上的分量为流体速度的主要分量,流体切向速度在分选腔中的分布规律与分选腔内的流体速度分布规律相似,即随着半径的增大而增大,切向速度的数量级为 10^0 m/s;流体的轴向速度在分选腔顶端较大,靠近分选腔底部速度较小,轴向速度的数量级为 10^{-1} m/s;当流体进入分选腔后,在分选腔底面摩擦力的作用下,快速向分选腔内壁方向运动,靠近分选腔底部流体的径向速度较大,流体到达分选腔内壁后,受到壁面的阻挡,径向速度减小,径向速度的数量级为 $10^{-2} \sim 10^{-1}$ m/s;由上可知,流体进入分选腔后,快速向分选腔内壁运动是物料被捕获的前提,流体的切向速度远大于其轴向速度是物料在离开分选腔前被捕获的主要原因。

3.2.4 分选腔转速与分选腔各水平截面流体速度之间的关系

上述流场特性研究的讨论是在分选腔转速为 500 r/min 时进行的。下面通过改变分选腔转速的大小,来建立分选腔转速与不同水平截面沿直径方向流体速度的关系,进一步阐述分选腔的流场特性。

分选腔转速条件为:250 r/min、500 r/min、1 000 r/min、1 500 r/min,分选腔转速变化时不同水平截面沿直径方向上流体速度见图 3-10。

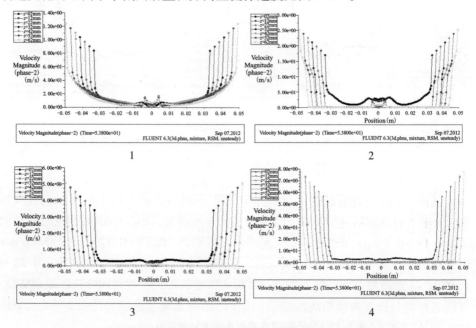

图 3-10 分选腔转速变化时不同水平截面沿直径方向上流体速度(m/s)

1—250 r/min;2—500 r/min;3—1 000 r/min;3—1 500 r/min

从图3-10分选腔转速变化时不同水平截面沿直径方向上流体速度可知：①随着分选腔转速增加，分选腔内流体速度增大，靠近分选腔内壁处流体的速度分布区间为：250 r/min 时速度分布区间为 0.85~1.15 m/s、500 r/min 时速度分布区间为 1.8~2.4 m/s、1 000 r/min 时速度分布区间为 3.5~5.0 m/s、1 500 r/min 时速度分布区间为 5.0~8.0 m/s；②不同平面流膜厚度的差异，随着分选腔转速的增大，流膜厚度减小。

分选腔转速变化时，不同水平截面沿直径方向上流体轴向速度见图3-11。

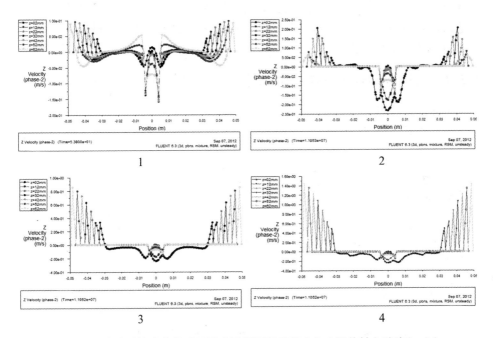

图3-11 分选腔转速变化时不同水平截面沿直径方向上流体轴向速度(m/s)

1—250 r/min；2—500 r/min；3—1 000 r/min；3—1 500 r/min

从图3-11分选腔转速变化时不同水平截面沿直径方向上流体轴向速度可知：①随着分选腔转速的提高，流体的轴向速度增大，250 r/min 时速度分布区间为 -0.15~0.1 m/s、500 r/min 时速度分布区间为 -0.23~0.22 m/s、1 000 r/min 时速度分布区间为 -0.2~0.85 m/s、1 500 r/min 时速度分布区间为 -0.22~1.45 m/s；②随着分选腔转速的提高，轴向速度的最大值逐渐向分选腔顶部移动；③随着距离分选腔内壁距离的缩小，流体的轴向速度呈先增大再缩小的趋势，流体状态从过渡区($Re>1$)转变至层流区($Re<1$)。

分选腔转速变化时不同水平截面沿直径方向上流体径向速度见图3-12。

从图3-12分选腔转速变化时不同水平截面沿直径方向上流体径向速度可

知：①250 r/min 时径向速度分布区间为 −0.05 ~ 0.05 m/s、500 r/min 时径向速度分布区间为 −0.23 ~ 0.23 m/s、1 000 r/min 时径向速度分布区间为 −0.26 ~ 0.26 m/s、1 500 r/min 时径向速度分布区间为 −0.44 ~ 0.44 m/s；②当分选腔转速小于 1 000 r/min 时，靠近分选腔底部的流体径向速度最大，随着分选腔转速的增大，靠近分选腔底部的流体径向速度趋于稳定，而远离分选腔底面的各水平截面上流体径向速度继续增大。

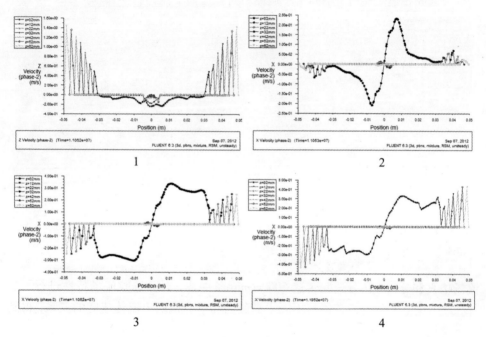

图 3 − 12　分选腔转速变化时不同水平截面沿直径方向上流体径向速度（m/s）

1—250 r/min；2—500 r/min；3—1 000 r/min；3—1 500 r/min

　　分选腔转速变化时不同水平截面沿直径方向上流体切向速度见图 3 − 13。

　　从图 3 − 13 分选腔转速变化时不同水平截面沿直径方向上流体切向速度可知，切向速度分量为流体速度的主要分量，因此，切向速度的分布范围与分选腔内的速度分布范围相近。

　　上述计算所得的流体速度值将成为颗粒受力计算（第六章）的依据。

3.4　小结

　　为了确定旋流多梯度磁选机分选腔内流体速度分布特征，对分选腔进行了模型的构建，并在不同转速条件下对模型进行了基于有限体积软件 Fluent 的 3 − D

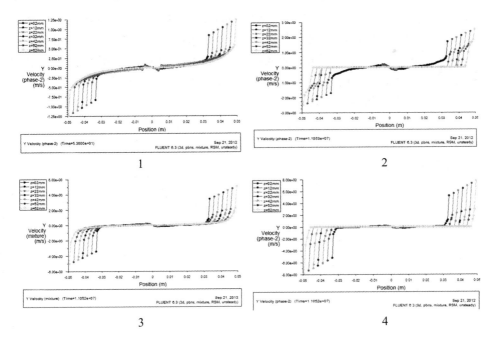

图 3-13　分选腔转速变化时不同水平截面沿直径方向上流体切向速度(m/s)

1—250 r/min; 2—500 r/min; 3—1 000 r/min; 3—1 500 r/min

流场仿真和分析,在分选腔转速 500 r/min 条件下,对分选腔流场特性进行了表征,最后建立了分选腔转速与不同水平截面和垂直截面上流体速度的关系,得到以下结论:

(1)分选腔参数的确定:分选腔锥体高度 64 mm,柱体高度 16 mm,锥体内壁倾角为 15°,锥体顶面直径 100 mm,底面直径 64.7 mm,分选腔对应坐标范围为 $z = 0 \sim 80$ mm、$x = -50 \sim 50$ mm、$y = -50 \sim 50$ mm,

(2)不同转速下的分选腔流场分析结果表明:①随着分选腔旋转速度的增大,流体的旋转速度增大;②随着分选腔旋转速度的增大,流体越来越容易靠近分选腔内壁进行旋转运动;③随着分选腔旋转速度的增大,流体迹线之间的距离越来越大,流体进入分选腔后停留时间缩短;④分选腔内流体速度存在径向和轴向梯度分布,速度分布有下部小上部大、远壁处小近壁处大的特征;⑤随着分选腔旋转速度的增大,流体完成从分选腔中心至靠近分选腔内壁运动的时间缩短;⑥流体在轴向上的速度分量很小(10^{-1} m/s 数量级),流体在切向上的速度为速度的主要分量。

(3)在分选腔转速 500 r/min 条件下,对分选腔各水平截面和垂直截面的流场特性进行详细研究，并得到以下结论：

①在分选腔锥体区域，随着锥体半径的增大，水平截面上流体的切向速度呈增大趋势，由 1.8 m/s（靠近分选腔锥体底部 -3 平面的内壁处）增大至 2.4 m/s（靠近分选腔锥体顶部 3 平面的内壁处），因此，随着颗粒距分选腔底面距离的增加，颗粒所受到的离心加速度增大，从 -3 平面的 9.7g 增大至 3 平面的 11.65g。

②分选腔内切向速度的数量级为 10^0 m/s、轴向速度的数量级为 10^{-1} m/s、径向速度的数量级为 $10^{-2} \sim 10^{-1}$ m/s，因此，流体进入分选腔后，快速向分选腔内壁运动是物料被捕获的前提，流体的切向速度远大于其轴向速度是颗粒在离开分选腔前能被捕获的主要原因。

（4）通过建立分选腔转速与不同水平截面沿直径方向上流体速度的关系，最终得到了在不同分选腔转速下，分选腔内不同水平截面上流体的径向、轴向和切向速度值，这将为计算颗粒在离心场中所受到的力提供基本数据。

第四章 旋流多梯度磁选机 的磁场仿真与分析

对分选腔中的磁场进行研究是旋流多梯度磁选机设计中非常重要的一部分内容,为了对分选腔磁场特性(包括水平截面和垂直截面的磁场特性)进行研究并为磁系设计提供依据,首先要确定磁系参数,如磁极数量及排列方式、铁芯和磁极头形状、磁包角、激磁线圈匝数和线圈布置方案等。本书采用有限元分析软件 ANSYS 构建了不同参数的 3 - D 磁系模型,并对其进行数值运算和分析,最终确定了磁系的参数,而后对分选腔内的磁场特性进行详细研究。

4.1 ANSYS 分析理论基础

4.1.1 ANSYS 简介

ANSYS 程序[139 - 144]是一个功能强大的大型通用有限元商用分析软件,其核心思想是结构的离散化,即将实际的空间结构离散为有限数目的单元组合体,选定场函数的节点值为未知量,在每一单元中假设一差值近似函数表示单元中场函数的分布规律,利用力学中的某些变分原理去求解关于节点未知量的基本方程,从而将计算空间中的无限自由度问题转化为离散域中的有限自由度问题,得到各节点的解后,利用设定的差值函数确定单元上以致整个领域中的解,随着有限元理论的成熟和计算机运算速度的不断提高,ANSYS 在工程设计和数据分析中的作用越来越广泛,已可以对热、电磁、结构受力及耦合力场等多种力场进行分析,以电磁场求解为例,ANSYS 程序内部求解的过程主要有以下几个步骤:①确定对象参数,包括几何形状及尺寸、材料属性、边界条件和荷载类型;②前处理,包括建立分析模型、定义单元类型、材料属性和划分网格;③求解,施加载荷,定义边界条件和选择求解类型;④后处理,包括读取计算结果、模型的图形化和列表显示;⑤判断结果和解决问题。

ANSYS 程序使用不同的模块来完成上述不同步骤的任务,ANSYS 程序的模块包括以下几个部分:①PREP7(前处理器);②SOLUTION(求解器);③POST1(通用后处理器);④POST26(时间历程后处理器);⑤OPT 优化设计模块;⑥RU-ASTAT(估计分析模块);⑦OTHER 其他功能。

在本书的电磁场仿真中，使用了以下三个部分的模块：PREP7（前处理器）、SOLUTION（求解器）、POST1（通用后处理器），前处理器是强大的实体建模和网格划分工具，通过这个模块构建了电磁仿真的空间结构并对其进行网格划分，使无限自由度问题转化为离散域中的有限自由度问题；通过分析求解器对构建好的模型施加边界条件和荷载，而后进行有限元计算，求解微分方程；通过后处理器对模型进行结果的处理，使结果以等值线、梯度、矢量、粒子流及云图等图形方式显示出来。

4.1.2 ANSYS 有限元电磁分析的理论基础

ANSYS 有限元电磁分析的电磁场理论可用一套麦克斯韦方程组描述，麦克斯韦方程组是由四个定律所组成，分别是高斯磁通定律（即磁通连续定律）、高斯电通定律（即高斯定律）、安培环路定律和法拉第电磁感应定律，分析和研究电磁场就是对麦克斯韦方程组的求解和试验验证。

1）高斯磁通定律

磁场中，不论磁介质与磁通密度矢量的分布如何，穿过任一闭合曲面的磁通量恒等于 0，也就是说磁通量为磁通量矢量对此闭合曲面的有限积分，用积分形式可表示为：

$$\oiint_s B\mathrm{d}S = 0 \tag{4-1}$$

2）高斯电通定律

在电场中，不管电介质与电通密度矢量的分布如何，穿过任何一个闭合曲面的电通量等于这一闭合曲面所包围的电荷量，这里指的电荷量也就是电通密度矢量对此闭合曲面的积分，用积分形式表示为：

$$\oiint_s D\mathrm{d}S = \iiint_v \rho\mathrm{d}V \tag{4-2}$$

式中：ρ 为电荷体密度，C/m^3；V 为闭合曲面 S 所围成的体积区域，m^3。

3）安培环路定律

无论介质和磁场强度 H 的分布如何，磁场中的磁场强度沿任何一条闭合路径的线积分等于穿过该积分路径所确定的曲线 Ω 的电流总和，这里指的电流包括传导电流（自由电荷产生）和位移电流（电场变化产生）。

$$\oint_T H\mathrm{d}l = \iint_\Omega \left(J + \frac{\partial D}{\partial t}\right)\mathrm{d}S \tag{4-3}$$

式中：J 为传导电流密度矢量，A/m^2；$\frac{\partial D}{\partial t}$ 为位移电流密度，C/m$^2 \cdot$ s；D 为电通密度，C/m^2。

4）法拉第电磁感应定律

闭合回路中的感应电动势与穿过此回路的磁通量随时间的变化率成正比，其积分形式表示为：

$$\oint_{T} E \mathrm{d}l = - \iint_{\Omega} \left(J + \frac{\partial B}{\partial t} \right) \mathrm{d}S \qquad (4-4)$$

式中：E 为电场强度，V/m；B 为磁感应强度，T 或 Wb/m^2。

上述四个式子的偏微分形式，也就是偏微分形式的麦克斯韦方程组为：

$$\nabla B = 0 \qquad (4-5)$$

$$\nabla D = \rho \qquad (4-6)$$

$$\nabla \times H = J + \frac{\partial D}{\partial t} \qquad (4-7)$$

$$\nabla \times E = \frac{\partial B}{\partial t} \qquad (4-8)$$

其中，$\nabla \times$ 为旋度算子。

4.1.3　3 – D 磁场特性仿真策略

下面对本书在电磁仿真过程中使用的三种模块进行介绍，并确定磁系的仿真策略。

1) 前处理模块

在前处理模块中主要实现三种功能即参数定义、实体建模和网格划分。

ANSYS 程序在建模过程中，首先要对模型中材料进行参数定义，包括定义单位制、定义使用的单元类型、定义单元的实常数、定义材料的特性及使用材料库的文件等。在单位制的制定中，ANSYS 为磁场分析指定了固定的系统单元，如磁场强度单位 A/m 和磁感应强度单位 T 等。单元类型的定义是结构网格划分的前提，ANSYS 程序根据所定义的单元类型进行实际的网格划分，而单元实常数的确定也依赖于单元类型的特性，在本书的电磁仿真中，设定单元类型为 SOLID97（3 – D 实体单元）。材料的特性是针对每一种材料的性质参数，不同的材料有不同的材料参考号，ANSYS 通过材料号码的识别来定义每种材料的特性，本书的电磁仿真对象涉及两种材料，即空气和工业纯铁，其主要材料特性的差别在于相对磁导率的差异，设置空气的相对磁导率 $MURX = 1$，工业纯铁的非线性 $B – H$ 曲线见图 4 – 1。

在实体建模如本书的 3 – D 建模中，ANSYS 提供了两种建模方法：高级到低级的建模和从低级到高级的建模。第一种建模方法是直接构建高级图元，即球体、圆柱等，然后通过布尔操作（加、减运算、相交、删除、重叠和粘贴运算）来构建想得到的模型。第二种建模方法是从点到线到面到体，图元等级从低到高构建模型的方法。本书采用从低级到高级的建模方法构建模型。

ANSYS 的网络划分从使用选择的角度来讲,可分为系统智能划分和人工选择划分,从网格划分功能上来讲,可分为延伸划分、映像划分、自由划分和自适应划分四种,延伸划分是将二维模型在划分过程中延伸为三维模型;映像划分是将模型分解为几部分,然后选择合适的单元属性和网格控制,分别划分生成网格;自由划分是采用软件自带的划分器来划分;自适应划分是用户指示程序自动产生有限元网格,分析、估计网格的离散误差,然后重新定义网格大小,再次分析计算、估计网格的离散误差,直至误差低于用户定义的值。本书采用自由划分对模型进行网格划分。

2)求解模块

求解模块可以对已经生成的有限元模型进行分析和求解,求解过程中,用户需要定义分析类型、分析选项、载荷数据和载荷步选项。

ANSYSA 提供的分析类型包括结构静力分析、结构动力分析、结构屈曲分析、结构非线性分析、热力学分析、电磁场分析、声场分析、压电分析等,本书确定模型的分析类型为静态 3 – D 电磁场分析。一般的荷载包括边界条件(约束、支撑及边界场的参数)和其他外部或内部作用荷载,荷载有六类,分别是 DOF 约束、力、表面分布荷载、体积荷载、惯性荷载和耦合场荷载。本书采用 DOF 约束荷载。

3)后处理模块

完成计算后,可以通过后处理器来查看结果,ANSYS 后处理器包括后模块处理模块(POST1)和时间历程处理模块(POST26),POST1 可以用于查看模型或模型某部件在某一子步(时间步)的结果,POST26 可用于查看模型的特定点在所有时间步内的结果。由于本书仿真对象为静态电磁仿真,因此,采用 POST1 对中心位置处电磁场的磁通密度和磁场强度进行观察。

4.2 磁系参数的确定

为了确定磁系的参数,对磁系的磁极数量及排列方式、磁极的形状、磁极磁包角、激磁线圈匝数和线圈的布置方案进行了模型构建和详细的仿真研究。

4.2.1 磁极数量及排列方式的确定

考虑到设备磁系所在空间的限制,对两磁极(N – N 型和 N – S 型)和四磁极(N – S 交替排列型和 N – S 相对排列型)形成的磁场进行仿真,通过分析仿真结果确定了磁极的数量和排列方式。仿真主要参数:线圈匝数 10×6 匝,激磁电流 400 A,线圈外形为跑道型,铜线和空气相对磁导率 $MURX = 1$,磁极和铁轭的 $B – H$ 曲线见图 4 – 1,用于确定磁极数量及排列方式的磁系模型见图 4 – 2。

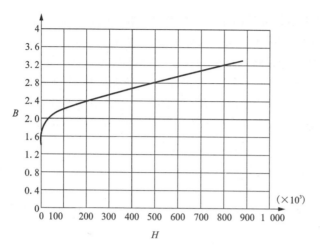

图 4 – 1 磁极和铁轭 B – H 曲线

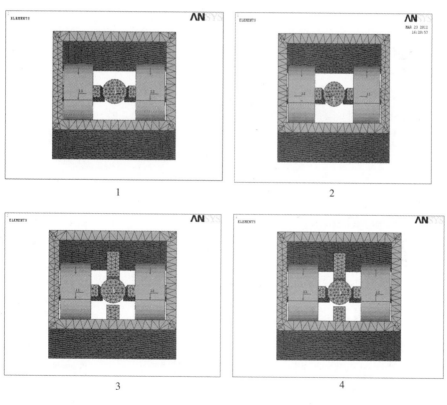

图 4 – 2 用于确定磁极数量及排列方式的磁系模型

1—两磁极 N – S 型；2—两磁极 N – N 型；3—四磁极 N – S 相对排列型；4—四磁极 N – S 交替排列型

在电流强度 400 A 条件下,对不同磁系进行仿真计算,得到不同磁系分选腔内的磁感应强度分布云图,见图 4 - 3。

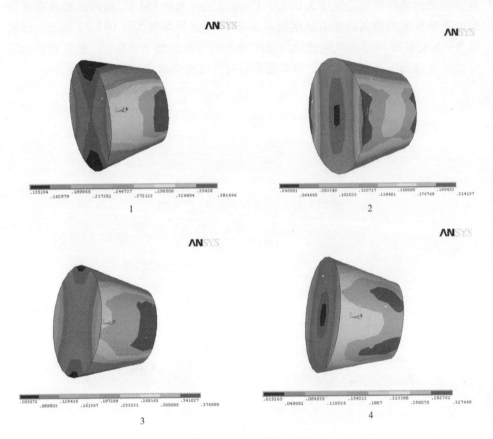

图 4 - 3　不同磁系分选腔内的磁感应强度分布云图(T)

1—两磁极 N - S 型;2—两磁极 N - N 型;3—四磁极 N - S 相对排列型;4—四磁极 N - S 交替排列型

从图 4 - 3 不同磁系分选腔内的磁感应强度分布云图可知,当同磁性磁极相对(两磁极 N - N 型和四磁极 N - S 交替排列型)时,在分选腔近壁区域尤其在靠近底部区域均有较高的磁感应强度分布;当异磁性磁极相对时,近壁区域磁感应强度分布极不均匀,如两磁极 N - S 型磁系的磁感应强度分布云图(近壁区域最高磁感应强度为 0.382 T,最低处仅为 0.135 T),四磁极 N - S 相对排列型磁感应强度分布云图(近壁区域最高磁感应强度为 0.376 T,最低处仅为 0.054 T),且在分选腔中心处的磁感应强度要高于近壁区的部分区域,因此,同磁性相对磁极较异磁性相对磁极,更有利于磁性颗粒在分选腔内壁的吸附,究其原因是因为异磁性相对磁极会造成磁力线直接从分选腔中心穿过,而不经过离磁极较远的分选腔内壁,见图4-4不同磁系分选腔水平截面($Z=32$ mm)的磁力线分布图。对两磁极N-N型和四磁极N-S交替排列型磁系进行比较可知,四磁极磁系在分选腔近壁区域的最高磁感应强度为0.327 T、最低场强为0.154 T,而两磁极磁系在分选腔近壁区域的最高磁感应强度仅为0.214 T、最低场强为0.083 T,因此,四磁极N-S交替排列型磁系的磁感应强度分布优于两磁极N-N型。根据磁系的磁极数量及排列方式仿真结果,确定磁系磁极为四磁极N-S交替排列型。

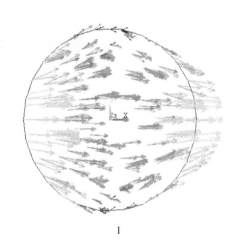

1

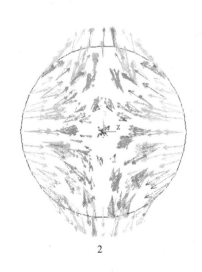

2

图4-4　不同磁系分选腔水平截面($Z=32$ mm)的磁力线分布图

1—四磁极N-S相对排列型;2—四磁极N-S交替排列型

4.2.2 铁芯和磁极头形状的确定

磁系的铁芯和磁极头的形状会对分选腔内磁场的分布产生影响，为了使强磁场区域尽量分布于分选腔内壁处，对四种不同铁芯和磁极头形状磁系所产生的磁场进行计算，不同铁芯和磁极头形状磁系见图4-5，每个磁极头的磁包角45°。仿真主要参数：线圈匝数10×6匝，激磁电流400 A，线圈外形为跑道型，空气相对磁导率 $MURX=1$。

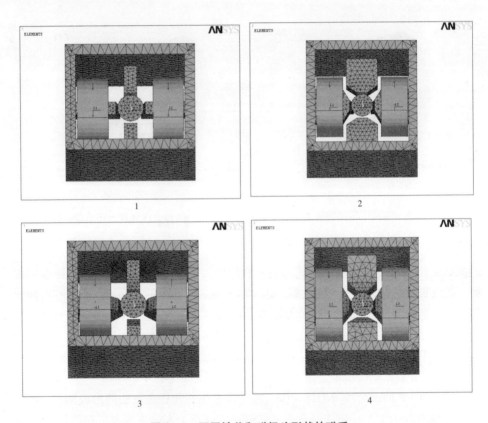

图4-5 不同铁芯和磁极头形状的磁系

1—磁极头不收缩；2—磁极头左右面收缩；3—磁极头上下面收缩；4—磁极头四面收缩

在电流强度400 A情况下，对不同铁芯和磁极头形状的磁系进行计算，得到的不同铁芯和磁极头形状时磁系在分选腔内的磁感应强度分布云图见图4-6。

从图4-6不同铁芯和磁极头形状时磁系在分选腔内的磁感应强度分布云图可知，靠近分选腔内壁处磁感应强度最大值有如下规律：1—磁极头不收缩(0.327 T) <2—磁极头左右面收缩(0.431 T) <3—磁极头上下面收缩(0.510 T) <4—磁极头

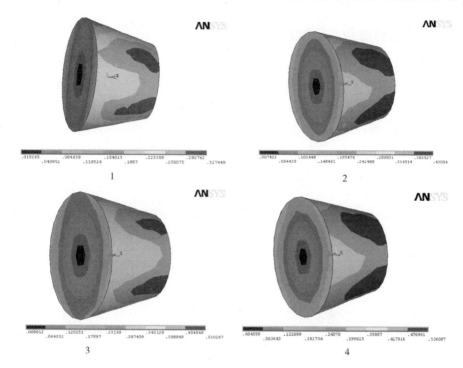

图 4 - 6 不同铁芯和磁极头形状时磁系在分选腔内的磁感应强度分布云图(T)

1—磁极头不收缩;2—磁极头左右面收缩;3—磁极头上下面收缩;4—磁极头四面收缩

四面收缩(0.536 T),也就是说铁芯截面积的增大有利于分选腔内磁感应强度的提高。磁极头收缩尤其是上下面收缩,更有利于磁感应强度的提高;磁极头左右面收缩,更有利于高磁感应强度区域面积的增大。因此在设计过程中,在空间允许的情况下,应尽量增大铁芯的截面积。

对磁极头四面收缩磁系的磁场特性进行详细分析,磁极头四面收缩磁系在整个设备空间内($Z = 32$ mm)水平截面的磁场仿真结果见图 4 - 7。

由图 4 - 7 的磁力线分布图可知,磁力线在相邻两个磁极头间形成回路,在分选腔周围有较为密集的磁力线分布。从磁感应强度分布云图可知,在线圈缠绕的铁芯中心磁感应强度最高为 1.964 T,铁芯磁感应强度过高会导致磁阻的增大,影响分选区磁场强度的提高,因此,在磁系空间允许的情况下,应尽量增加铁芯的截面积。由图 4 - 7 的磁场强度分布云图可知,在分选腔周围有较高的磁场强度分布,有利于磁性矿物在分选腔内壁的附着,但磁极头左右收缩面之间也有较高的磁场强度(磁漏),这会减弱分选区磁场强度,不利于磁性物料的吸附。磁极头左右收缩面之间有高场强的原因是,磁极头收缩导致靠近线圈的左右收缩面距离较相邻的两个磁极头极面近。

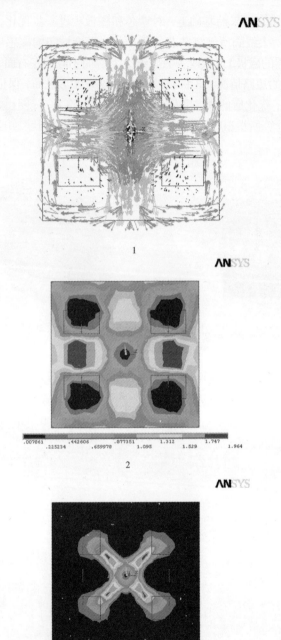

图 4 - 7 磁极头四面收缩磁系在整个设备空间内（Z = 32 mm）水平截面的磁场仿真结果

1—磁力线分布；2—磁感应强度分布云图(T)；3—磁场强度分布云图(A/m)

在上述磁极头仿真结果的基础上，对铁芯和磁极头进一步优化，优化遵循以下几点原则：①尽量增大线圈所缠绕铁芯的截面积，降低铁芯的磁感应强度；②将副磁极头(不缠绕线圈的磁极)形状改为只收缩上下面而不收缩左右面，缓解磁力线在磁极头左右收缩面的短路情况；③将磁极头极面改为弧形极面，保证磁极头极面距分选腔的距离相同，优化后的铁芯和磁极头模型见图4-8。线圈匝数10层×6匝，激磁电流400 A，计算所得磁极头优化后分选腔内的磁感应强度云图见图4-9。

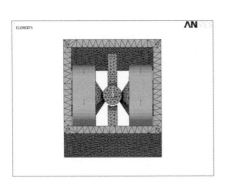

图4-8 磁极头优化后铁芯和磁极头模型

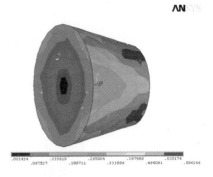

图4-9 磁极头优化后分选腔的磁
感应强度云图(T)

由图4-9优化后分选腔的磁感应强度云图可知，通过优化磁极头形状和铁芯尺寸，在同样线圈缠绕安匝数(10×6匝)和激磁电流(400 A)的情况下，分选腔表面的磁感应强度明显提高，最大磁感应强度由之前的0.536提高至0.596 T。

对主磁极头四面收缩、副磁极头上下面收缩磁系的磁场进行进一步分析，磁极头优化后的磁系 $X-Y$ 截面($Z=32$ mm)的磁场仿真结果见图4-10，$Z=32$ mm水平截面为磁极头中轴线所在平面。

从图4-10的磁力线分布图可知，磁力线在相邻两个磁极头间形成的回路较优化前，更趋于向分选腔靠近，更多的磁力线穿过分选腔，有利于分选腔磁感应强度的提高。从图4-10的磁感应强度分布云图可知，通过增大线圈缠绕的铁芯(主磁极铁芯)截面积，明显降低了主磁极铁芯中心磁感应强度，磁感应强度最高值为1.25 T，较优化前(1.964 T)大幅降低，为后续进一步提高分选腔内磁场强度创造了有利条件，但副磁极铁芯较优化前磁感应强度高，为2.25 T，因此，需要在后续磁包角仿真试验中，尽量加大副磁极铁芯的厚度。从图4-10的磁场强度分布云图可知，在分选腔周围有较高的磁场强度分布，与优化前的磁场强度分布云图相比，高磁场强度区域更加靠近分选腔，采用四面收缩主磁极和上下两面收缩副磁极配合使用，可有缓解磁极头左右收缩面之间磁力线短路情况，因此分选腔内的磁场强度得到了一定提高。综上所述，确定采用优化后的铁芯和磁极头形状即主磁极头四面收缩、副磁极头上下面收缩磁系进行下一步磁包角的仿真研究。

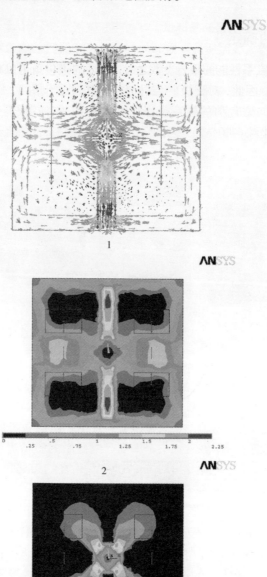

图 4 - 10 磁极头优化后磁系在 $X - Y$ 截面 ($Z = 32$ mm) 的磁场仿真结果

1—磁力线分布；2—磁感应强度分布云图(T)；3—磁场强度分布云图(A/m)

4.2.3　磁包角的确定

　　磁包角是决定磁系性能的重要参数之一，合适的磁包角可以减少磁漏，使磁力线集中于分选区域，因此，对磁极(主磁极和副磁极)磁包角30°、45°和60°的磁系进行建模仿真，不同磁包角的磁系模型见图4－11。施加荷载：线圈缠绕安匝数(10×6匝)和激磁电流(400 A)，经计算，不同磁包角磁系的仿真结果见图4－12。

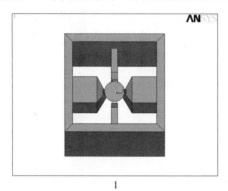

1

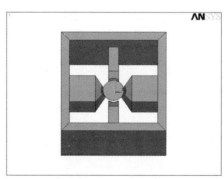

2

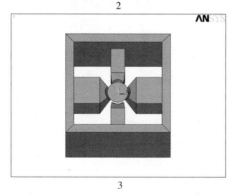

3

图4－11　不同磁包角的磁系模型

1—磁包角30°磁系；2—磁包角45°磁系；3—磁包角60°磁系

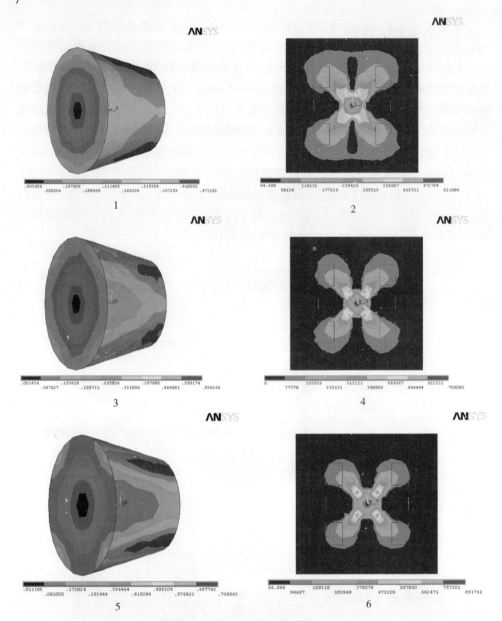

图 4 – 12　不同磁包角磁系的仿真结果

1—磁包角 30°磁系分选腔内的磁感应强度(T)；2—磁包角 30°磁系 $Z = 32$mm 水平截面的磁场强度分布云图(A/m)；3—磁包角 45°磁系分选腔内的磁感应强度(T)；4—磁包角 45°磁系 $Z = 32$mm 水平截面的磁场强度分布云图(A/m)；5—磁包角 60°磁系分选腔内的磁感应强度(T)；6—磁包角 60°磁系 $Z = 32$mm 水平截面的磁场强度分布云图(A/m)

　　由图 4 - 12 不同磁包角磁系的仿真结果可知：随着磁包角的增大，分选腔内壁处的磁感应强度呈增大趋势。磁包角 30°时，分选腔内壁上最大磁感应强度为 0.471 T，当磁包角由 30°增大至 60°时，分选腔内壁上最大磁感应强度为 0.739 T。与磁感应强度云图相对应的水平截面（$Z = 32$ mm）上磁场强度云图表明，随着磁包角的增大，高磁场强度区域趋于向分选腔内壁靠近，分选腔外部空间的磁场强度明显降低，这说明磁包角的增大有利于磁漏的降低。另外，当副磁极磁包角增大时，其截面积也可以相应增大，这有利于降低副磁极铁芯的磁感应强度，避免磁饱和和降低其磁阻，不同磁包角磁系的仿真结果表明，副磁极磁包角由 45°增大至 60°时，副磁极铁芯的磁感应强度可由 2.25 T 降低至 1.978 T。因此，在保持主磁极磁包角 60°不变（考虑到空间限制）的情况下，继续增大副磁极磁包角至75°。磁包角优化磁系模型及仿真结果见图 4 - 13。

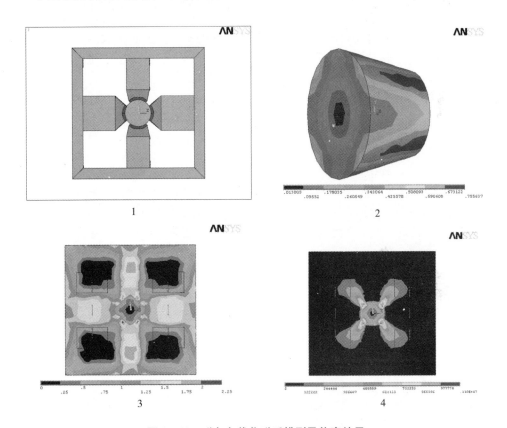

图 4 - 13　磁包角优化磁系模型及仿真结果

1—磁包角优化磁系模型；2—分选腔内的磁感应强度云图（T）；

3—磁系 $Z = 32$ mm 水平截面磁感应强度云图（T）；4—磁系 $Z = 32$ mm 水平截面磁场强度云图（A/m）

从图4－13磁包角优化磁系模型的仿真结果可知，通过增大副磁极的磁包角至75°，分选腔内壁的磁感应强度得到提高，最大值为0.756 T，在增大副磁极磁包角的同时，副磁极铁芯的截面得到提高，从而降低了副磁极铁芯的磁感应强度（最大值1.75 T），由磁系 Z =32 mm水平截面磁场强度云图可知，随着副磁极磁包角的增大，分选腔外部区域磁场强度进一步降低，靠近分选腔内壁区域磁场进一步增强，磁漏降低，因此，确定采用磁包角优化模型（即主磁极磁包角为60°、副磁极磁包角为75°）进行下一步仿真研究。

4.2.4 激磁线圈匝数的确定

激磁线圈的匝数决定了磁系可提供的背景场强的强弱，激磁线圈匝数过多会造成铜管的浪费，激磁线圈匝数少，磁系则不能提供足够的背景场强。因此，需在固定激磁电流条件下，通过改变激磁线圈匝数，研究线圈匝数和分选腔背景场强之间的关系，从而确定最终的激磁线圈匝数。固定激磁电流为400 A，每组线圈匝数为60、80、100、120匝。线圈匝数不同的磁系模型见图4－14，线圈匝数不同时分选腔内磁感应强度分布云图见图4－15。

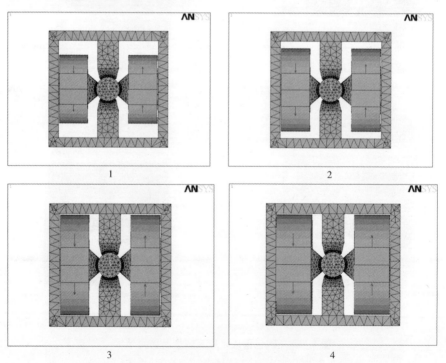

图4－14　线圈匝数不同的磁系模型

1—每组60匝；2—每组80匝；3—每组100匝；4—每组120匝；

　　根据图 4 - 15 线圈不同匝数时分选腔内磁感应强度分布云图数据，绘制的线圈匝数与分选腔内最大磁感应强度值之间的关系见图 4 - 16，由图 4 - 16 可知，随着激磁线圈匝数的增加，最大磁感应强度值随之增大，当激磁线圈匝数增大至每组 100 匝后，继续增加激磁线圈匝数至每组 120 匝，最大磁感应强度值从 0.91 T 增大至 0.92 T，变化不大，原因是铁芯中的磁感应强度趋于饱和（根据图 4 - 17 激磁线圈每组 120 匝时水平截面（$Z = 32$ mm）磁场强度云图可知，铁芯的磁感应强度已大于 2.13 T），因此，选择线圈的匝数为每组 100 匝，磁系激磁线圈共计 200 匝。

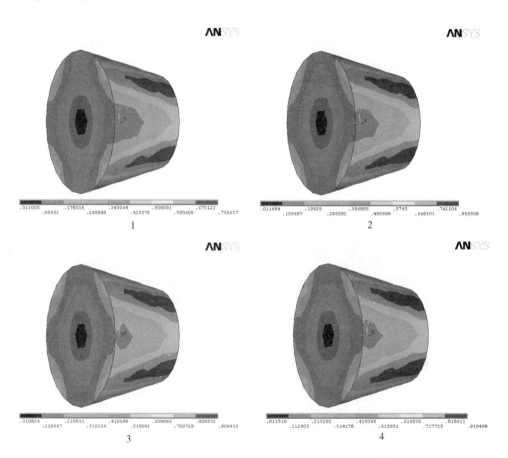

图 4 - 15　线圈匝数不同时分选腔内磁感应强度分布云图

1—每组 60 匝；2—每组 80 匝；

3—每组 100 匝；4—每组 120 匝；

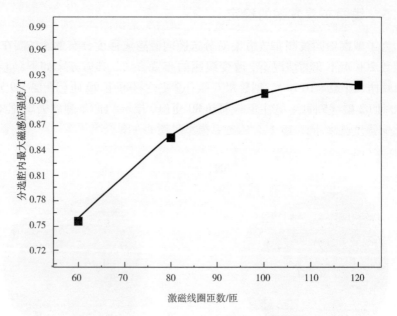

图 4-16　每组线圈匝数与分选腔内最大磁感应强度值之间的关系

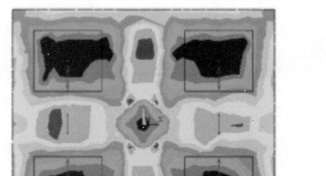

图 4-17　激磁线圈每组 120 匝时水平截面(Z =32 mm)磁场强度云图

4.2.5　线圈布置方案的确定

　　为了考察不同线圈布置方案对分选腔内磁感应强度分布的影响，在磁系总线圈匝数 200 匝不变的情况下，改变线圈的布置方法，具体方案如下：①主磁极每组 100 匝(10 层×10 匝)，副磁极 0 匝；②主磁极每组 90 匝(10 层×9 匝)，副磁极 10 匝(2 层×5 匝)；③主磁极每组 80 匝(10 层×8 匝)，副磁极 20 匝(2 层×10 匝)，不同激磁线圈布置方案的磁系模型见图 4–18。

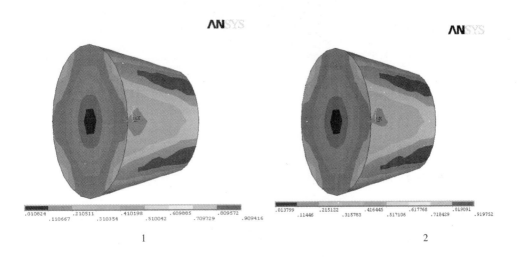

1

2

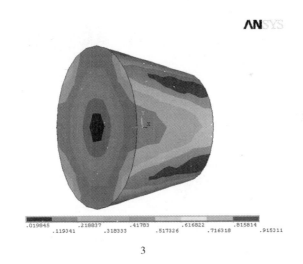

3

图 4–18　不同激磁线圈布置方案的磁系模型

1—主磁极每组 100 匝，副磁极 0 匝；2—主磁极每组 90 匝，副磁极 10 匝；3—主磁极每组 80 匝，副磁极 20 匝固定激磁电流为 400 A, 施加荷载, 计算所得的不同激磁线圈布置方案时分选腔内磁感应强度云图见图 4-19。

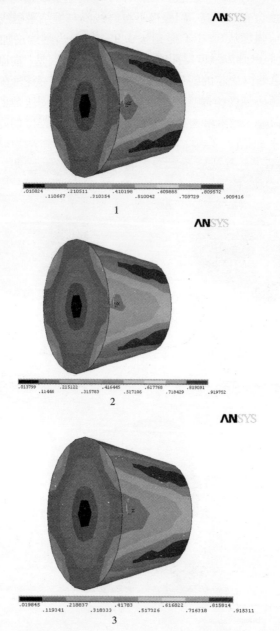

图 4-19 不同激磁线圈布置方案时分选腔内磁感应强度云图

1—主磁极每组 100 匝, 副磁极 0 匝; 2—主磁极每组 90 匝, 副磁极 10 匝; 3—主磁极每组 80 匝, 副磁极 20 匝由图 4 - 19 不同激磁线圈布置方案时分选腔内磁感应强度云图可知，线圈布置方案会对分选腔内的磁感应强度产生影响，当副磁极上适当缠绕线圈时，分选腔内的磁感应强度会有所提高，副磁极不缠绕线圈与缠绕激磁线圈 10 匝相比，分选腔的最高磁感应强度从 0. 91 T 提高至 0. 92 T，但当继续增加副磁极激磁线圈至 20 匝时，分选腔磁感应强度反而略有降低。究其原因是，向副磁极分配一定比例激磁线圈时，主磁极铁芯的磁感应强度降低，副磁极铁芯的磁感应强度提高，有利于分选腔磁感应强度的提高；但随着副磁极激磁线圈匝数的增加，副磁极铁芯的磁感应强度过高，磁阻增大也会导致分选腔磁感应强度的降低，不同激磁线圈布置方案磁系水平截面(Z =32 mm)磁场强度云图见图 4 - 20。根据不同激磁线圈布置方案仿真结果选择线圈布置方案为——主磁极每组 90(10 层 ×9 匝)匝，副磁极 10(2 层 ×5 匝)匝。

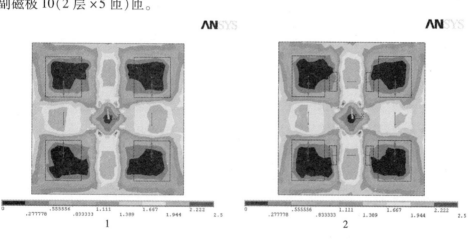

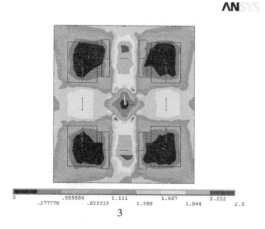

图 4 - 20 不同激磁线圈布置方案磁系水平截面(Z =32 mm)磁感应强度云图(T)

1—主磁极每组 100 匝，副磁极 0 匝；2—主磁极每组 90 匝，副磁极 10 匝；3—主磁极每组 80 匝，副磁极 20 匝

4.3 分选腔磁场特性研究

分选腔内的磁场特性研究包括五个方面：①磁场特性研究方案；②分选腔各水平截面的磁场特性研究；③分选腔各垂直截面的磁场特性研究；④分选腔内磁场强度值与电流强度之间的关系；⑤分选腔内布置介质后，磁感应强度分布的变化。分选腔内的磁场不仅可以将磁性颗粒吸附于分选腔器壁介质上，而且可以向磁性颗粒提供与离心力轴向分力相反的向下力。因此，磁场尤其是靠近分选腔内壁磁场的磁感应强度和径向、轴向磁感应强度梯度是研究的主要对象。

4.3.1 磁场特性研究方案

分选腔内磁场要有足够大的磁场强度作用于磁性颗粒，才能保证磁性颗粒能被吸引在分选腔内壁的介质上，实现磁性颗粒和脉石的分离。分选腔磁场在空间上虽然呈对称性分布，但仍相当复杂，为便于进行磁场特性的研究，选取具有代表性的分选腔水平截面和垂直截面，研究不同水平截面的磁场分布，对应分选腔内磁场强度变化随距分选腔内壁距离变化表征各水平截面的磁感应强度、径向磁感应强度梯度和磁场作用深度；研究不同垂直截面的磁场分布，对应分选腔内磁场强度变化随距分选腔底面距离变化表征各垂直截面的磁感应强度、轴向磁感应强度梯度，从而获得分选腔内磁场特性的空间分布规律。

以磁极头中轴线所在水平截面为 0 平面($z = 32$ mm)，按 10 mm 为间距，向上依次为 1 平面($z = 42$ mm)、2 平面($z = 52$ mm)、3 平面($z = 62$ mm)，向下依次为 -1 平面($z = 22$ mm)、-2 平面($z = 12$ mm)、-3 平面($z = 2$ mm)。

分选腔内垂直截面上的磁场以分选腔为中心轴呈轴对称分布，以两个主磁极中心轴线所在的垂直截面为 A – A 面，与 A – A 面呈 41°的垂直截面为 C – C 面，与 A – A 面呈 90°的垂直截面为 B – B 面(即两个副磁极中心轴线所在垂直截面)。

磁系参数：磁极为四磁极 N – S 交替排列型；主磁极头四面收缩、副磁极头上下面收缩；主磁极磁包角为 60°、副磁极磁包角为 75°；主磁极每组 90(10 层 × 9 匝)匝，副磁极 10(2 层 × 5 匝)匝，激磁线圈共计 200 匝；激磁电流为 400 A。

4.3.2 分选腔各水平截面的磁场特性研究

为便于分析分选腔各水平截面上的磁场特性，以激磁电流 400 A 时，-3、-2、-1、0、1、2、3 平面的磁场分布为例，对分选腔各水平截面上的磁场特性进行详细的分析和讨论。

根据仿真结果，取出数据库中不同的水平截面的值，显示分选腔各水平截面上磁感应强度云图，见图 4 – 21。

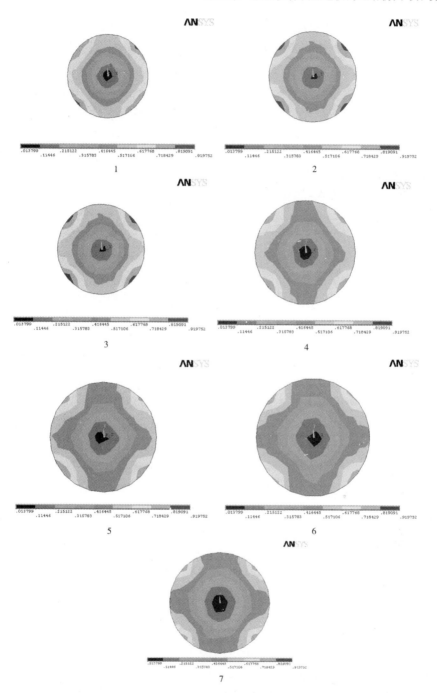

图 4 - 21　分选腔各水平截面磁场分布图(T)(I = 400 A)

1— - 3 平面；2— - 2 平面；3— - 1 平面；4—0 平面；5—1 平面；6—2 平面；7—3 平面

从图 4－21 分选腔各水平截面上磁感应强度云图可知，7 个平面的磁感应强度分布具有以下几个共同特征：①磁感应强度云图等位线形状相近；②磁感应强度靠近分选腔内壁处强，分选腔中心弱；③径向的磁感应强度梯度靠近分选腔壁大，远离分选腔壁小。

除了以上共同特征外，不同水平截面还存在磁感应强度及磁感应强度梯度大小的差别，具体分析如下：

－3 平面上，分选腔内壁上最大磁感应强度为 0.851 T，最小磁感应强度为 0.566 T，距离分选腔 0 mm 和 1.5 mm 之间，平均径向磁感应强度梯度最大值为 29 mT/mm，最小值为 5.19 mT/mm。

－2 平面上，分选腔内壁上最大磁感应强度为 0.891 T，最小磁感应强度为 0.545 T，距离分选腔 0 mm 和 1.5 mm 之间，平均径向磁感应强度梯度最大值为 28.88 mT/mm，最小值为 5.13 mT/mm。

－1 平面上，分选腔内壁上最大磁感应强度为 0.915 T，最小磁感应强度为 0.53 T，距离分选腔 0 mm 和 1.5 mm 之间，平均径向磁感应强度梯度最大值为 34.66 mT/mm，最小值为 2.56 mT/mm。

0 平面上，分选腔内壁上最大磁感应强度为 0.828 T，最小磁感应强度为 0.51 T，距离分选腔 0 mm 和 1.5 mm 之间，平均径向磁感应强度梯度最大值为 24.36 mT/mm，最小值为 2.95 mT/mm。

1 平面上，分选腔内壁上最大磁感应强度为 0.8 T，最小磁感应强度为 0.476 T，距离分选腔 0 mm 和 1.5 mm 之间，平均径向磁感应强度梯度最大值为 14.19 mT/mm，最小值为 1.29 mT/mm。

2 平面上，分选腔壁面上最大磁感应强度为 0.717 T，最小磁感应强度为 0.456 T，距离分选腔 0 mm 和 1.5 mm 之间，平均径向磁感应强度梯度最大值为 14.84 mT/mm，最小值为 1.94 mT/mm。

3 平面上，分选腔壁面上最大磁感应强度为 0.747 T，最小磁感应强度为 0.446 T，距离分选腔 0 mm 和 1.5 mm 之间，平均径向磁感应强度梯度最大值为 19.35 mT/mm，最小值为 1.93 mT/mm。

从各水平截面的磁感应强度分布情况来看，总体上，0 平面以下的磁感应强度高于 0 平面以上，－1 平面的磁感应强度最大，2 平面的磁感应强度最小。各水平截面的径向磁感应强度梯度分布不同，基本规律是磁感应强度高处径向磁感应强度梯度高，主、副磁极之间的磁感应强度梯度高，磁极中轴线上的磁感应强度梯度低。

从各水平截面的磁感应强度云图等位线可知，0 平面以下的磁感应强度等位线较 0 平面以上紧密，随着距离分选腔底面的增大，平面上的等位线大体呈由密到疏的趋势。

从各水平截面分选腔内壁上磁感应强度的最大值变化情况来看，从 –3 平面的 0.851 T 增大至 –1 平面的 0.915 T，再减小至 3 平面的 0.747 T，这说明沿分选腔内壁的母线上存在轴向磁感应强度梯度。

4.3.3　分选腔各垂直截面的磁场特性研究

磁场在分选腔垂直截面上的分布以分选腔中轴线呈轴对称，以两个主磁极中心轴线所在的垂直截面为 A – A 面，与 A – A 面呈 41°的垂直截面为 C – C 面（距离主、副磁极头边缘距离相等的直线所在平面），与 A – A 面呈 90°的垂直截面为 B – B 面（即两个副磁极中心轴线所在垂直截面）为研究对象（分选腔中三个垂直截面的俯视图见图 4 – 22），详细讨论和分析磁场在分选腔垂直截面上的分布。

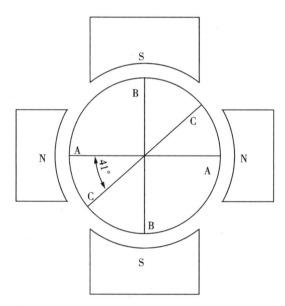

图 4 – 22　分选腔中三个垂直截面的俯视图

从垂直截面的分布情况来看，任意两个相邻垂直截面之间空间内的磁场强度分布相似但不相同，A – A 面、B – B 面和与 A – A 面呈 41°夹角的两个垂直截面，可以将空间分为 8 个端面为扇形的柱体，扇形柱体以上述的四个垂直截面互为始末端面，因此，研究 A – A 面、B – B 面和与 A – A 面呈 41°夹角的 C – C 面具有代表性。

根据仿真结果，取出数据库中不同的垂直截面的值，显示分选腔各垂直截面上磁感应强度云图，见图 4 – 23。

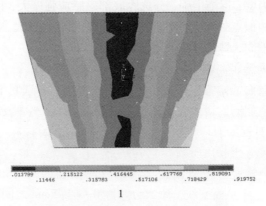

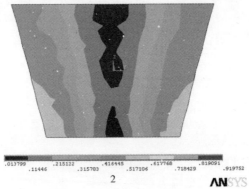

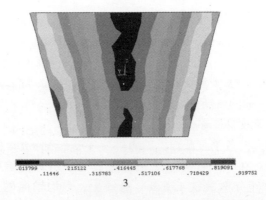

图 4 - 23　分选腔各垂直截面上磁感应强度云图(T)

1— A - A 面; 2— B - B 面; 3— C - C 面;

由图 4-23 分选腔各垂直截面上的磁感应云图可知，三个垂直截面上的磁感应强度分布规律大致相同，磁感应强度等位线形状相似，磁感应强度分布从分选腔中心到分选腔内壁，逐渐增强，分选腔底部磁感应强度大，顶部磁感应强度小。

除了以上的相似点外，三个垂直截面上的磁感应强度大小、径向和轴向磁感应强度梯度有所不同，具体分析如下：

1）距分选腔内壁距离相同的对应点磁感应强度不同

从三个垂直截面的磁感应强度分布值来看，除了分选腔中心处外，C-C 面上距分选腔壁距离相同的对应点磁感应强度最大，A-A 面上对应点磁感应强度次之，B-B 垂直截面上对应点最小。

2）径向磁感应强度梯度不同

从图 4-23 分选腔各垂直截面上的磁感应强度云图可知，A-A 面与 -3、-2、-1、0、1、2、3 平面交线上距离分选腔 0 到 1.5mm 之间的平均磁感应强度梯度为：3.87 mT/mm、4.67 mT/mm、6 mT/mm、2.67 mT/mm、2 mT/mm、2.67 mT/mm、3 mT/mm。

B-B 面与 -3、-2、-1、0、1、2、3 平面交线上距离分选腔 0 到 1.5 mm 之间的平均磁感应强度梯度为：5.19 mT/mm、5.13 mT/mm、2.56 mT/mm、2.95 mT/mm、1.29 mT/mm、1.93 mT/mm。

从图 4-23 分选腔各垂直截面上的磁感应强度云图可知，C-C 面与 -3、-2、-1、0、1、2、3 平面交线上距离分选腔 0 到 1.5 mm 之间的平均磁感应强度梯度为：29 mT/mm、28.88 mT/mm、34.66 mT/mm、24.36 mT/mm、14.19 mT/mm、14.84 mT/mm、19.35 mT/mm。

从各垂直截面与平面交线上平均径向磁感应强度值可知，C-C 面交线最大，A-A 面和 B-B 面相当，三个垂直截面交线平均径向磁感应强度 0 平面下部高于 0 平面上部。

另外，从三个垂直面上距离分选腔内壁距离相同点的磁感应强度值来看，C-C 面上最大，A-A 面和 B-B 面相当，说明沿分选腔壁有指向 C-C 面的磁场梯度分量，根据同一平面上 A-A 和 B-B 与 C-C 面交线上磁感应强度的差值可知，-1 平面上指向 C-C 垂直截面的磁场梯度分量最大，随着远离 -1 平面，其他平面上指向 C-C 面的磁场梯度分量减小。

3）轴向磁感应强度梯度不同

从图 4-23 分选腔各垂直截面上的磁感应强度云图可知，A-A 面上距分选腔壁 0 mm 母线上，在 -3 平面到 3 平面之间，平均轴向磁感应强度梯度为 20.8 mT/mm，同样距分选腔壁 1.5 mm 母线上，平均轴向磁感应强度梯度为 20.97 mT/mm，距分选腔壁 5 mm 母线上，平均轴向磁感应强度梯度为 19.35 mT/mm，距分选腔壁 10 mm 母线上，平均轴向磁感应强度梯度为11.29 mT/mm。

从图 4-23 分选腔各垂直截面上的磁感应强度云图可知，B-B 面上距分选腔壁 0 mm 母线上，在 -3 平面到 3 平面之间，平均轴向磁感应强度梯度为24.19 mT/mm，同样距分选腔壁 1.5 mm 母线上，平均轴向磁感应强度梯度为22.58 T/mm，距分选腔壁 5 mm 母线上，平均轴向磁感应强度梯度为19.35 mT/mm，距分选腔壁 10 mm 母线上，平均轴向磁感应强度梯度为9.68m T/mm。

从图 4-23 分选腔各垂直截面上的磁感应强度云图可知，C-C 面上距分选腔壁 0 mm 母线上，在 -3 平面到 3 平面之间，平均轴向磁感应强度梯度为16.13 mT/mm，同样距分选腔壁 1.5 mm 母线上，平均轴向磁感应强度梯度为13.85 T/mm，距分选腔壁 5 mm 母线上，平均轴向磁感应强度梯度为6.45 mT/mm，距分选腔壁 10 mm 母线上，平均轴向磁感应强度梯度为1.62 mT/mm。

从平均轴向磁感应强度梯度来看，A-A 和 B-B 面上的梯度值大于 C-C 面，可以判断垂直截面随着与 A-A 面偏转角度的增大，磁感应强度呈先增大后减小的趋势，其中 C-C 面为分界垂直截面。随着与分选腔壁距离的增大，三个垂直截面上的磁感应强度梯度呈减小的趋势，从分选腔各垂直截面上磁感应强度云图也可以看出，远离分选腔壁等位线逐渐处于垂直状态，说明当磁性颗粒在分选腔中心时，只受到径向引力，随着磁性颗粒距分选腔壁距离的缩短，才会受到轴向向下的磁力。

4.3.4 分选腔内壁处磁感应强度最大值和最小值与激磁电流的关系

上述关于磁感应强度在分选腔空间内分布的讨论是在激磁电流强度为 400 A 时进行的，下面通过改变电流强度的大小，来建立电流与分选腔内壁上磁感应强度最大值和最小值的关系，进一步阐述分选腔的磁场特性。

激磁电流条件为：300 A、400 A、500 A、600 A，线圈匝数主磁极每组 90 匝，副磁极每组 10 匝，主磁极和副磁极激磁线圈各两组，激磁线圈共计 200 匝。不同水平截面上的最大磁感应强度与激磁电流之间的关系见图 4-24，不同水平截面上的最小磁感应强度与激磁电流之间的关系见图 4-25。

从图 4-24 不同水平截面上的最大磁感应强度与激磁电流之间的关系和图 4-25 不同水平截面上的最小磁感应强度与激磁电流之间的关系可知，磁感应强度随激磁电流的增大呈近似线性的增大关系，但不同水平截面上最小磁感应强度与激磁电流关系的近似直线斜率较小，说明最小磁感应强度随电流变大的增大幅度较最大磁感应强度增大幅度小，由此可知，通过增大激磁电流可以较快地提高各水平截面上的最大磁感应强度值，但对最小磁感应强度值的提高幅度较小，

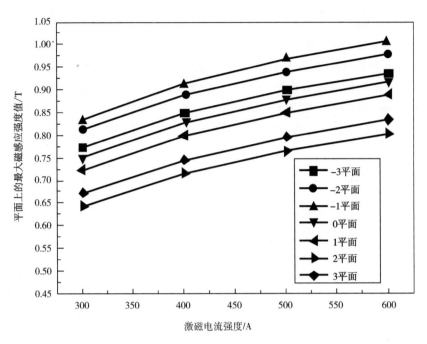

图 4 – 24　不同水平截面上的最大磁感应强度与激磁电流之间的关系

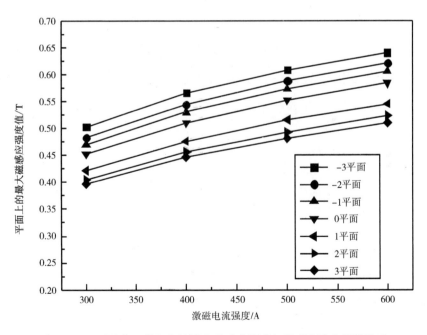

图 4 – 25　不同水平截面上的最小磁感应强度与激磁电流之间的关系

这也说明，随着电流的增大，各水平截面上的最大磁感应强度值与最小磁感应强度值之间的差值变大，各水平截面上的磁感应强度梯度变大。由图 4 - 24 中不同水平截面上的最大磁感应强度与激磁电流之间的关系可知，不同水平截面上的最大磁场强度随激磁电流增大近似直线关系的直线斜率相近，随电流增大不同水平截面上对应点的最大磁感应强度差值变化不大，这说明随电流增大各水平截面之间即分选腔轴向磁感应强度梯度变化不大，图 4 - 25 不同水平截面上的最小磁感应强度与激磁电流之间的关系也可以说明这一点。

4.3.5 布置磁介质后分选腔内磁感应强度的变化

为了比较分选腔内布置磁介质前后，分选腔内磁感应强度变化，当激磁电流为 400 A 时，在分选腔锥体内布置直径为 2 mm 的环形磁介质（避免流体的离心运动的破坏），磁介质的 $B - H$ 曲线与磁极材料相同，环形磁介质间距为 2 mm。经 ANSYS 有限元网格划分和计算，得到分选腔内磁感强度分布云图和磁介质周围磁感应强度矢量图，分别见图 4 - 26 和图 4 - 27。

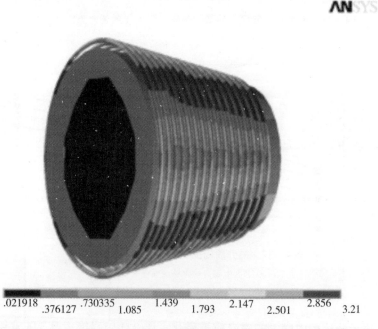

.021918 .376127 .730335 1.085 1.439 1.793 2.147 2.501 2.856 3.21

图 4 - 26　分选腔内磁感强度分布云图(T)

由图 4 - 26 分选腔内磁感强度分布云图和图 4 - 27 磁介质周围磁感应强度矢量图可知，由于磁介质的磁阻远小于空气，因此分选腔内的磁力线大多从磁介质

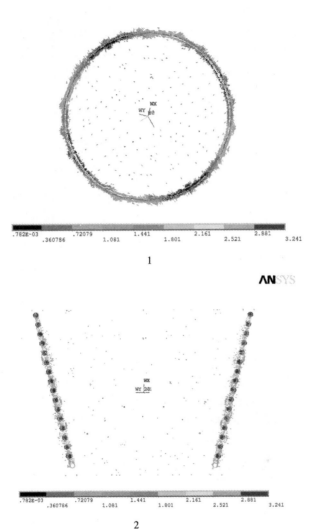

图 4 - 27　磁介质周围磁感应强度矢量图(T)
1—0 平面上磁介质磁感应强度矢量图；
2—分选腔 C - C 垂直截面上磁介质磁感应强度矢量图

内穿过，位于分选腔内壁上的磁介质被磁化，且磁感应强度很高，随着距磁介质距离的增大，磁感应强度减小，另，在磁介质周围形成很高的磁场梯度，磁性颗粒在介质上被捕获。

磁介质布置前后，分选腔内的磁感应强度分布比较见图 4 - 28。

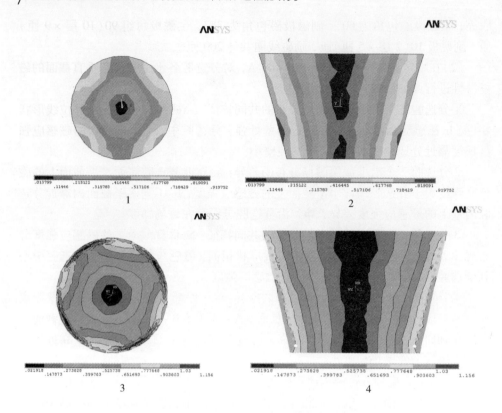

图4-28 磁介质布置前后,分选腔内磁感应强度分布比较(T)

1—布置前,0平面上的磁感强度分布图;2—布置前,C—C垂直截面上的磁感强度分布图;
3—布置后,0平面上的磁感强度分布图;4—布置后,C—C垂直截面上的磁感强度分布图

由图4-28磁介质布置前后分选腔内磁感应强度分布比较可知,布置磁介质后,分选腔中心磁感应强度降低,高磁感应强度区域趋于向分选腔内壁靠近,距分选腔内壁相同距离处的磁感应强度提高,更加有利于磁性颗粒的吸附。

4.4 小结

为了确定旋流多梯度磁选机的磁系参数,对磁系的磁极数量及排列方式、铁芯和磁极头形状、磁包角、激磁线圈匝数和线圈布置方案进行模型构建,并对每个模型进行了基于有限元软件 ANSYS 的 3-D 电磁仿真,确定磁系的具体参数后,在特定激磁电流条件下 $J=400$ A,对分选腔磁场特性进行了详细研究,并得到以下结论:

(1)通过构建不同参数的磁系模型,分析它们的仿真结果,最终确定的磁系参数如下:磁极为四磁极 N-S 交替排列型;主磁极头四面收缩、副磁极头上下面收缩；主磁极磁包角为 60°、副磁极磁包角为 75°；主磁极每组 90（10 层 ×9 匝）匝，副磁极 10（2 层 ×5 匝）匝，励磁线圈共计 200 匝。

（2）在特定激磁电流条件下 $J = 400$ A，对分选腔各水平截面和垂直截面的磁场特性进行详细研究得到的结论如下：

①分选腔 7 个水平截面磁场分布的共同特征：a. 磁感应强度云图等位线形状相近；b. 磁感应强度在分选腔靠近器壁处强，分选腔中心弱；c. 径向的磁感应强度梯度靠近分选腔壁大，远离分选腔壁小。

②分选腔 7 个水平截面磁场分布的差异：a. 靠近分选腔底面水平截面上的磁感应强度大于分选腔顶部水平截面上的磁感应强度；b. 不同水平截面内靠近分选腔内壁上的磁感应强度差异，导致沿分选腔母线存在磁场梯度。

③分选腔 3 个垂直截面磁场分布的共同特征：a. 垂直截面上的磁感应强度分布规律大致相同；b. 磁感应强度等位线形状相似，磁感应强度分布从分选腔中心到分选腔壁，逐渐增强，分选腔底部磁感应强度大，顶部磁感应强度小。

④分选腔 3 个垂直截面磁场分布的差异：a. 3 个垂直截面上距分选腔壁距离相同的对应点磁感应强度不同，C – C 面 > A – A 面 > B – B 面；b. 3 个垂直截面上径向和轴向磁感应强度梯度不同，靠近分选腔壁轴线上的磁场梯度大，靠近分选腔中心轴线上的磁场梯度小。

（3）激磁电流和分选腔内磁场强度之间的关系表明：通过增大激磁电流可以较快地提高各平面上的最大磁感应强度值，但对最小磁感应强度值的提高幅度较小；随着电流的增大，各水平截面上的最大磁感应强度值与最小磁感应强度值之间的差变大，水平截面上的磁感应强度梯度变大，而分选腔轴向磁感应强度梯度变化不大。

（4）分选腔内布置磁介质后：① 分选腔中心磁感应强度降低，高磁感应强度区域趋于向分选腔内壁面靠近，距分选腔内壁相同距离处的磁感应强度提高；② 靠近分选腔内壁的磁介质被磁化，磁感应强度很高，随着距磁介质距离的增大，磁感应强度减小，在磁介质周围有很高的磁场梯度，这将有利于磁性颗粒的捕获。

第五章　旋流多梯度磁选机的设计

5.1　分选腔的设计

旋流多梯度磁选机为该类型设备的首台试验样机，目的是为了考察此种设备及其力场的分选性能，预计进行的试验研究是在实验室中进行，为了节约成本，设备无须设计过大，试验性设备只要可以满足实验室试验要求，方便制造即可。权衡各种因素，旋流高梯度机的分选腔主要技术参数设计如下[145-147]。

5.1.1　分选腔内径

在该设备中，分选腔主要起到提供离心力、安装磁介质和隔离矿浆的作用，物料在分选腔中将受到离心力和磁力复合力场的作用，分选腔内径尺寸的大小，不仅关系到矿浆处理量的多少，也关系到颗粒所受离心力的大小，且与设备的造价、设备的分选性能密切相关。此外，其他部件的布置也会受到分选腔尺寸的影响。

物料在分选机分选腔中受到离心力的增大程度，可以用离心加速度与重力加速度的比值来表示，将此比值称为理论离心力强度 K：

$$K = \frac{w^2 R}{g}$$

$$w = \frac{2\pi n}{60} = \frac{\pi n}{30}(\text{rad/s}) \tag{5-1}$$

$$K = \frac{w^2 R}{g} \approx \frac{n^2 R}{900} = \frac{n^2 D}{1800} \tag{5-2}$$

式中：K 为理论离心力强度；w 为分选腔旋转角速度，rad/s；n 为分选腔转速，r/min；R 为分选腔半径，m；D 为分选腔直径，m。

生产上，理论 K 值一般为几十。为了充分考察试验机型分选性能，设计 K 值为 125，分选腔的转速为 1 500 r/min。由此可知：

$$D = \frac{1\,800\,K}{n^2}$$

计算得 $D = 0.1$ m $= 100$ mm。

5.1.2　分选腔倾角

分选腔的倾角是与分选指标密切相关的重要因素之一，倾角大，离心力在轴向上的分量大，会导致精矿产率减小和回收率的降低，尾矿品位容易跑高；反之，则精矿产率大，精矿富集比低。

借鉴实验室立式离心机（ϕ10 cm 尼尔森）的分选腔的参数，综合考虑，确定分选腔内壁倾角为 $a = 15°$。

5.1.3　分选腔转速

分选腔转速的高低与分选机的作业要求、处理矿量大小有关。转速高则离心力大，可以保证精矿回收率，转速低则离心力小，可以保证精矿的品位。为了在较为广泛的转速范围考察磁选机的分选效果，试验机型应可在大范围内调节分选腔的转动速度，因此确定，分选腔转速为 0～1 500 r/min。

5.1.4　分选腔锥体高度

分选腔的高度与设备的能耗、处理量成正比，分选腔越高，物料在分选腔中停留时间变长，脉石矿物不易进入尾矿中，反之，若分选腔高度过小，物料的分选时间就会缩短，设备的分选性能下降。确定分选腔锥体高度为 $H = 64$ mm。

当分选腔锥体高度 $H = 64$ mm，分选腔转速为 1 500 r/min，分选腔内壁倾角为 15°，分选腔顶部直径约为 100 mm 时，分选腔底部直径为 65.7 mm，因此，底部内壁处理论离心力强度为：

$$K = \frac{w^2 R}{g} \approx \frac{n^2 R}{900} = \frac{n^2 D}{1800}，K \approx 82 \qquad (5-3)$$

5.2　磁系的设计

磁系是本设备的关键部件之一，其造价占设备总价值的 40%～50%，磁系的结构不仅关系到磁场强度、磁漏和功耗等技术参数，而且直接关系到设备的分选指标，因此，磁系的设计也是制造旋流高梯度磁选机的关键。

经过大量的磁系设计仿真比较，确定磁系是由四组垂直放置的用空心电工矩形铜管绕制的激磁线圈和一个水平放置的铁轭构成。四个磁极同极性两两相对，主磁极磁包角为 60°，副磁极磁包角为 75°，磁极之间为分选腔的分选区间。当激磁线圈有直流电流通过时，在分选区产生磁场，磁力线由 N 极指向 S 极，然后在铁轭中形成闭合回路。磁系产生的磁场在水平方向上靠近磁极即分选腔内壁的区域强，在垂直方向上靠近分选腔底部区域的磁场强，这种磁场分布有利于磁性物质的捕捉，旋流多梯度磁选机磁系和旋流多梯度磁选机磁系磁路分别见图5-1和图5-2。磁系中的垂直线圈容易绕制，铜材利用率高，水冷散热效果好。

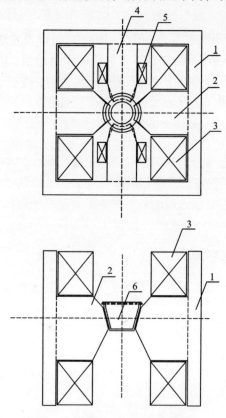

图5-1　旋流多梯度磁选机磁系

1—铁轭；2—主磁极；3—主磁极激磁线圈；4—副磁极；5—副磁极激磁线圈；6—分选腔

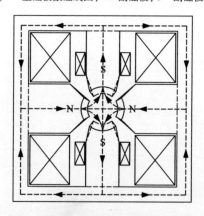

图5-2　旋流多梯度磁选机磁系磁路

5.2.1　激磁线圈设计

1）安匝数

对于铁芯激磁线圈闭路磁系，一般可用磁通量法或者安培环路定理确定所需要的安匝数，但由于本设计中的磁系不是常规的闭路磁系，初设计磁系不能采用常规方法进行计算，因此，在确定线圈的安匝数之前，进行了大量的仿真计算，根据图5-3线圈匝数和分选腔最大磁感应强度之间的关系，首先确定了磁系激磁线圈的总匝数为200匝，对线圈的布置方式进行比较计算，确定线圈在主磁极铁芯上的匝数每组为90匝，在副磁极铁芯上的每组为10匝。

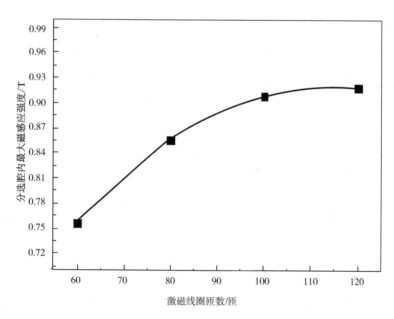

图5-3　线圈匝数和分选腔最大磁感应强度之间的关系

根据弱磁性矿物的磁选经验，绝大多数金属矿粗选所需的背景场强不超过1 T，精选背景场强0.5 T一般可满足要求。根据图5-4不同平面上的最大磁感应强度与激磁电流之间的关系和图5-5不同平面上的最小磁感应强度与激磁电流之间的关系，当激磁电流为500 A时，磁系总安匝数为10^5安匝，分选腔内磁感应强度的最大值为0.969 T，最小值为0.481 T，对于弱磁性矿物精选而言已经可以满足分选要求。

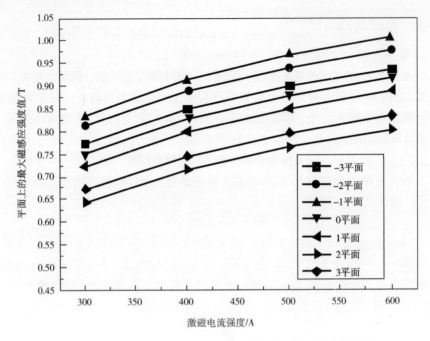

图 5 - 4   不同平面上的最大磁感应强度与激磁电流之间的关系

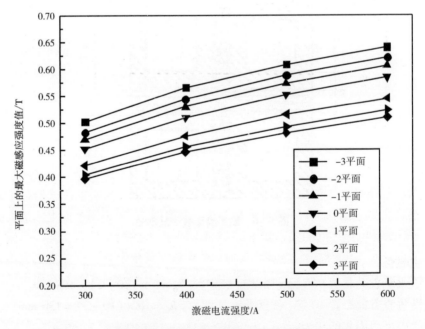

图 5 - 5   不同平面上的最小磁感应强度与激磁电流之间的关系

2）电流密度、电流强度及线圈布置

采用截面尺寸为 10 mm × 10 mm × 2 mm 的矩形空心铜管绕制线圈，其有效导电面积为：$A = 10^2 - (10 - 2 \times 2)^2 = 74 \text{ mm}^2 = 0.74 \text{ cm}^2$。

当安匝数一定时，若电流密度 j 值较小，则激磁功率较低，但用铜量大，对于小设备，因空间位置的限制也不容许线圈尺寸过大；若 j 值较大，则工程纯铁较少，但激磁功率较大。对于试验型水冷磁系（间歇式通电），为了减少用铜量，可以将 j 值取稍大些。

$$j = A/I = 500 \div 0.74 = 676 \text{ A/cm}^2$$

实际上主磁极激磁线圈共绕 10 层，每层 9 匝，副磁极激磁线圈共绕 2 层，每层 5 匝，总匝数 $N = 200$ 匝。

$$NI = 10 \times 10^4 \text{ 安匝}$$

3）线圈截面尺寸

线圈匝与匝之间预留 2 mm 绝缘层，层与层之间预留了 3 mm 绝缘层，磁系线圈截面局部图见图 5 – 6。实际上线圈不可能绕得绝对平整，预留的绝缘层也包括了匝与匝之间、层与层之间的因不平整所占用的空间。

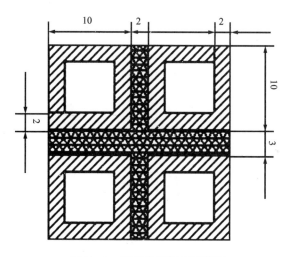

图 5 – 6　磁系线圈截面局部图

主磁极：

沿水平方向布置 9 匝，线圈截面宽度为：$b_0 = 9 \times (10 + 2) = 108 \text{ mm}$

沿垂直方向布置 10 层，线圈截面高度为：$h_0 = 10 \times (10 + 3) = 130 \text{ mm}$

主磁极线圈截面积为：$S = h_0 b_0 = 108 \times 130 = 14\,040 \text{ mm}^2 = 140.4 \text{ cm}^2$

主磁极导线充填率：$Q_W = \dfrac{0.24P}{\Delta T} = \dfrac{0.24 \times 10750}{20} = 129 \text{ cm}^3/\text{s} = 0.465 \text{ m}^3/\text{h}$

副磁极：

沿水平方向布置 5 匝，线圈截面宽度为：$b_0 = 5 \times (10 + 2) = 60 \text{ mm}$

沿垂直方向布置 2 层，线圈截面高度为：$h_0 = 2 \times (10 + 3) = 26 \text{ mm}$

副线圈截面积为：

$$S = h_0 b_0 = 26 \times 60 = 1\,560 \text{ mm}^2 = 15.6 \text{ cm}^2$$

副导线充填率：$Q_W = \dfrac{0.24P}{\Delta T} = \dfrac{0.24 \times 10\,750}{20} = 129 \text{ cm}^3/\text{s} = 0.465 \text{ m}^3/\text{h}$

导线充填率是磁选机设计中一个十分重要的参数，在设备制造过程中，应尽可能地提高。

4）线圈轮廓尺寸

设计磁系共有四个磁极头，两个主磁极和两个副磁极，主磁极头的磁包角为 60°，副磁极头的磁包角为 75°，线圈轮廓尺寸计算如下：

主磁极线圈轮廓：

线圈内孔周长为：$\chi_1 = l_1 + l_2 + 2h + 4\Delta\delta$

线圈外孔周长为：$\chi_2 = \chi_1 + 4h_0$

式中：l_1 为磁极头截面上顶面边长，$l_1 = 130 \text{ mm}$；

l_2 为磁极头截面下底面边长，$l_2 = 130 \text{ mm}$；

h 为磁极头截面高，$h = 190 \text{ mm}$；

$\Delta\delta$ 为线圈与磁极头之间预留间隙，$\Delta\delta = 3 \text{ mm}$；

h_0 为线圈截面高度，$h_0 = 130 \text{ mm}$。

将已知数代入以上两式得：

$$\chi_1 = 130 + 130 + 2 \times 190 + 4 \times 3 = 652 \text{ mm}$$

$$\chi_2 = 652 + 4 \times 130 = 1172 \text{ mm}$$

副磁极线圈轮廓：

线圈内孔周长为：$\chi_{11} = l_{11} + l_{21} + 2h_1 + 4\Delta\delta$

线圈外孔周长为：$\chi_{21} = \chi_{11} + 4h_{01}$

式中：l_{11} 为磁极头截面上顶面边长，$l_{11} = 70 \text{ mm}$；

l_{21} 为磁极头截面下底面边长，$l_{21} = 70 \text{ mm}$；

h_1 为磁极头截面高，$h_1 = 190 \text{ mm}$；

h_{01} 为线圈截面高度，$h_{01} = 26 \text{ mm}$。

将已知数代入以上两式得：

$$\chi_{11} = 70 + 70 + 2 \times 190 + 4 \times 3 = 532 \text{ mm}$$

$$\chi_{21} = 532 + 4 \times 26 = 636 \text{ mm}$$

5）每组导线长度、铜管重量

主磁极线圈的平均周长（m）为：

$$l = \chi_1 + \chi_2 = 652 + 1\,172 = 1\,824 \text{ mm} = 1.83 \text{ m}$$

导线总长度为：

$$L = Nl = 90 \times 1.83 = 164.7 \text{ m}$$

副磁极线圈的平均周长（m）为：

$$l = \chi_{11} + \chi_{21} = 532 + 636 = 1\,168 \text{ mm} = 1.17 \text{ m}$$

导线总长度为：

$$L = Nl = 10 \times 1.17 = 11.7 \text{ m}$$

铜管重量：

$$Q = AL\delta = 0.74 \times 10^{-4} \times (164.7 \times 2 + 11.7 \times 2) \times 8.9 = 0.233 \text{ t}$$

式中：A 为铜管有效截面积，$A = 0.74 \text{ cm}^2 = 0.74 \times 10^{-4} \text{ m}^2$；

δ 为铜比重，$\delta = 8.9 \text{ t/m}^3$。

6）每组线圈的串联电阻、激磁电压和激磁功率

电工铜的电阻系数为：

$$\delta = \delta_c [1 + (T - 20)a] \qquad (5-4)$$

式中：δ_c 为温度为20℃时铜的电阻率，$\delta_c = 1.79 \times 10^{-8} \ \Omega \cdot \text{m}$；

T 为线圈工作温度，假定线圈冷却水进水温度为30℃，出水温度为50℃，则 T 可取中间值为40℃；

a 为铜管电阻温度系数，$a = 0.00385$。

因此，铜管在40℃时的电阻率为：

$$\delta = 1.79 \times 10^{-8} \times [1 + (40 - 20) \times 0.00385] = 1.93 \times 10^{-8} \ \Omega \cdot \text{m}$$

主磁极线圈的串联电阻为：

$$R = \delta L/A = 1.93 \times 10^{-8} \times 164.7/0.74 \times 10^{-4} = 0.043 \ \Omega$$

已知额定电流500 A，因此额定电流直流电压和额定激磁功率为：

$$U = IR = 500 \times 0.043 = 21.5 \text{ V}$$

$$P = I^2R = 500^2 \times 0.043 = 10\,750 \text{ W} = 10.75 \text{ kW}$$

副磁极线圈的串联电阻为：

$$R = \delta L/A = 1.93 \times 10^{-8} \times 12.5/0.74 \times 10^{-4} = 0.0033 \ \Omega$$

已知额定电流500 A，因此额定电流直流电压和额定激磁功率为：

$$U = IR = 500 \times 0.0033 = 1.65 \text{ V}$$

$$P = I^2R = 500^2 \times 0.0033 = 825 \text{ W} = 0.825 \text{ kW}$$

因此，磁系功率总计24.8 kW。

5.2.2　激磁线圈冷却水量

已知主磁极额定激磁功率 $P = 10\,750$ W，按热功当量公式计算冷却水量。

根据进水温度 30℃，出水温度 50℃，则温差为：

$$\Delta T = 50 - 30 = 20℃$$

额定冷却水量为：

$$Q_W = \frac{0.24P}{\Delta T} = \frac{0.24 \times 10750}{20} = 129 \text{ cm}^3/\text{s} = 0.465 \text{ m}^3/\text{h} \quad (5-5)$$

已知副磁极额定激磁功率 $P = 875$ W，按热功当量公式计算冷却水量。

根据进水温度 30℃，出水温度 50℃，则温差为：

$$\Delta T = 50 - 30 = 20℃$$

额定冷却水量为：

$$Q_W = \frac{0.24P}{\Delta T} = \frac{0.24 \times 875}{20} = 10.5 \text{ cm}^3/\text{s} = 0.038 \text{ m}^3/\text{h}$$

5.2.3　确定线圈进水头数

铜管过水断面的水力半径为

$$D_H = \frac{4hb}{2(h+b)} = \frac{4 \times 6 \times 6}{2(6+6)} = 6 \text{ mm} = 6 \times 10^{-3} \text{ m} \quad (5-6)$$

假定进水头数为 n，则每一水路铜管长度为 $l = L/n$，式中：L 为主磁极每组铜管总长度，$L = 164.7$ m。

每一水路的流量按下式计算：

$$q_w = 0.8\left(\frac{P_w}{l}D_H\right)^{\frac{1}{2}} \times hb \quad (5-7)$$

式中：P_w 为额定供水压力，$P_w = 2 \text{ kg/cm}^2 = 2 \times 104 \text{ kg/m}^2$；$l = L/n = 164.7/n\text{(m)}$；$D_H = 6 \times 10^{-3} \text{ m}^2$；$h = 6 \times 10^{-3} \text{ m}^2$；$b = 6 \times 10^{-3}\text{m}^2$，铜管过水断面尺寸见图 5-7。

代入上式得：

$$q_w = 0.8\left(\frac{2 \times 10^4 n}{164.7} \times 6 \times 10^{-3}\right)^{\frac{1}{2}} \times 6 \times 10^{-3} \times 6 \times 10^{-3}$$

$$= 2.46 \times 10^{-5} \sqrt{n} \text{ m}^3/\text{s} = 0.088 \sqrt{n} \text{ m}^3/\text{h}$$

n 路水的总流量为：$Q_W = nq_w = 0.088\,n^{3/2} \text{ m}^3/\text{h}$

由上式算得：当 $n = 4$ 时，$Q_W = 0.704 \text{ m}^3/\text{h}$，已经大于冷却水量，因此激磁线圈设置 4 路冷却水应该够了，激磁线圈共有 10 层，每两层为一并，因此，实际上设置了 5 条水路，即水路串联，5 进 5 出。

同样计算，L 为副磁极每组铜管总长度，$L = 12.5$ m。

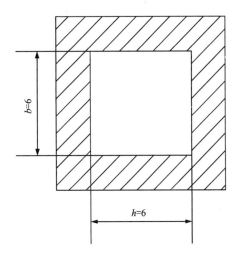

图 5 - 7　铜管过水断面尺寸(单位: mm)

$$q_w = 0.8 \left(\frac{2 \times 10^4 n}{12.5} \times 6 \times 10^{-3} \right)^{\frac{1}{2}} \times 6 \times 10^{-3} \times 6 \times 10^{-3}$$

$$= 8.92 \times 10^{-5} \sqrt{n} \; \text{m}^3/\text{s} = 0.32 \sqrt{n} \; \text{m}^3/\text{h}$$

n 路水的总流量为: $Q_W = n q_w = 0.32 n^{3/2} \; \text{m}^3/\text{h}$

由上式算得: 当 $n = 1$ 时, $Q_W = 0.32 \; \text{m}^3/\text{h}$, 已经远大于冷却水量, 因此激磁线圈设置 1 路冷却水应该够了。

5.2.4　铁轭设计

磁系的铁轭材料为工业纯铁, 工业纯铁磁化曲线的膝点在 $M/M_S = 70\%$ 左右处, 超过膝点, 磁感应强度随着磁场强度的增大而缓慢增加。按照经验, 一般取磁轭的截面积为铁芯截面积的 1.4 倍左右。鉴于设备需要达到的磁场强度不是太高, 磁感应强度最高处为 1.0 T 左右, 因此, 确定磁轭的截面积为铁芯截面积的 1.3 倍。由于主磁极的截面积大于副磁极的截面积, 因此, 铁轭截面积按照主磁极截面的 1.3 倍来计算:

主磁极铁芯的截面积为 130 mm × 190 mm = 24 700 mm²

铁轭截面积为 1.3 × 24 700 = 32 110 mm²

建模中铁轭的高为 460 mm, 宽为 40 mm, 截面积为 18 400 mm², 在设计中需要将铁轭的宽度再增大一倍, 设计铁轭宽为 80 mm, 则铁轭实际截面积为 36 800 mm², 可以满足要求。

铁轭重量:

$$Q = AL\delta = 3.68 \times 10^{-2} \times 1.944 \times 7.85 = 0.56 \text{ t} \quad (5-8)$$

式中：A 为铁轭截面积，$A = 36\ 800 \text{ mm}^2 = 3.68 \times 10^{-2} \text{ m}^2$；$L$ 为铁轭的周长，$L = 1.944 \text{ m}$；δ 为铁密度，$\delta = 7.85 \text{ t/m}^3$。

对铁轭宽度增大后的磁系进行建模仿真，分选腔内的最高磁感应强度由 0.969 T 增大至 0.978 T，最小值由 0.481 T 增大至 0.49 T。

5.2.5　磁介质

为了提高磁场梯度，增大弱磁性颗粒所受磁力，将磁介质棒弯曲为螺旋状焊接在分选腔内壁，聚磁介质为导磁不锈钢材料，其直径为 2 mm，除了介质尺寸外，磁介质的充填率也是影响弱磁性颗粒回收的重要因素，因此在焊接螺旋状介质棒时，应尽量减小介质棒的螺旋间距。确定相邻螺旋间距为 2 mm，粗略估计磁介质的重量为 100 g 左右。

5.2.6　处理量

处理量是指分选腔每次允许的最大给矿量，给矿量太大时，磁介质会因吸附饱和而失去分选作用，由经验可知，处理铁矿、锰矿、黑钨矿等弱磁性矿物，磁介质负荷率为 0.5 g 矿/g 磁介质，故按此负荷率来确定最大给矿量。

$$Q = r \times w/(a \times \varepsilon) \quad (5-9)$$

式中：r 为磁介质的负荷率，$r = 0.5$ 克矿/克磁介质；w 为分选腔内磁介质的重量，$w = 100 \text{ g}$；a 为给矿中磁性物含量，$a = 30\%$；ε 为磁性物回收率，$\varepsilon = 90\%$。

计算得　　$Q = r \times w/(a \times \varepsilon) = 0.5 \times 100/(0.3 \times 0.9) = 185 \text{ g}$

对于磁性物含量为 30% 的给料而言，设备每个周期的处理量为 185 g，假设设备的间歇周期为 15 s、20 s、25 s 和 30 s，则设备每小时的处理量与间歇周期的关系见表 5-1。

表 5-1　设备每小时的处理量与间歇周期的关系

间歇周期/s	处理量/(kg·h⁻¹)	间歇周期/s	处理量/(kg·h⁻¹)
15	43.2	25	25.9
20	32.4	30	21.6

5.2.7　分选腔旋转电机功率

因为该磁选机磁系产生的磁场为非均匀磁场，故对于位于该磁场中的磁性物质都会受到该磁场的磁力，聚磁介质在磁场中所受的比磁力可用以下公式计算：

$$f_{\mathrm{m}} = \mu_0 \frac{K}{\delta} H \mathrm{grad} H = \mu_0 \chi H \mathrm{grad} H \qquad (5-10)$$

式中：f_{m} 为比磁力，即作用在单位质量物质上的磁力，N/kg；μ_0 为真空磁导率，$\mu_0 = 4\pi \times 10^{-7}$ H/m；K 为铁物质磁化系数，无因次；δ 为铁的密度，$\delta = 7\,900$ kg/m³；χ 为铁物质的比磁化率，$\chi = \dfrac{K}{\delta} = 1.2 \times 10^{-3}$ m³/kg；$H\mathrm{grad}H$ 为磁场力，A²/m³。

$\mathrm{grad}H$ 为磁场梯度，$\mathrm{grad}H = \dfrac{\mathrm{d}H}{\mathrm{d}x} = \dfrac{3\,000 \times 80}{0.01} = 2.4 \times 10^7$ A/m²；

H 为聚磁介质处的背景磁场强度，$H = 7\,000 \times 80 = 5.6 \times 10^4$ A/m。

将以上数据代入式（5-10）可得：

$$f_{\mathrm{m}} = 4\pi \times 10^{-7} \times 1.2 \times 10^{-3} \times 2.4 \times 10^7 \times 5.6 \times 10^4 = 2\,025.7\ \mathrm{N}$$

$$F_2 = f_{\mathrm{m}} \cdot m = 202.6\ \mathrm{N}$$

F_2 对分选腔转轴的力矩为：

$$M_{\mathrm{m}} = 0.05 F_2 = 10.13\ \mathrm{N/m}$$

在求传动功率时，可以下面公式计算：

$$P = K F_2 U / \eta \qquad (5-11)$$

式中：K 为功率备用系数，$K = 1.1 \sim 1.25$，在此取 $K = 1.25$；U 为磁介质旋转最大线速度线速度。分选腔最大转速为 1 500 r/min，因此其最大线速度为 $U = 1\,500 \times 0.1\pi/60 = 7.85$ m/s。

η 为传动机械的传动功率，取 $\eta = 0.85$。

所以：

$$P = 1.25 \times 202.6 \times 7.85/0.85 = 2339 \times 10^{-3}\ \mathrm{kW}$$

在实际中考虑到斜环受到偏心力很大，还需配备一台齿轮减速机，并且作为一台实验设备，主要是从设备的正常运行考虑（忽略能耗影响），因此，在实际中选择的电机功率为 2.5 kW。

主轴的直径：

传动装置和转筒之间主轴的直径，按下式计算[113]：

$$d \geqslant \sqrt[3]{\frac{9550000P}{0.2[\tau_T] \cdot n}} = A_0 \sqrt[3]{\frac{P}{n}} \qquad (5-12)$$

式中：$A_0 = \sqrt[3]{9550000/0.2[\tau_T]}$，取值 $A_0 = 130$；$[\tau_T]$ 为许用扭转切应力，MPa；其他符号意义同上。

将 $A_0 = 130$，$P = 2\,339 \times 10^{-3}$ kW 和 $n = 1\,500$ r/min 代入式（5-12）可得：

$$d \geqslant 130 \times \sqrt[3]{\frac{2339 \times 10^{-3}}{1500}} = 15.07\ \mathrm{mm}$$

考虑到轴端有键槽，需要增加 $5\% \sim 10\%$，故：

$$d_{min} \geqslant 15.07 \times (1.05 \sim 1.10) = 15.83 \sim 16.58 \text{ mm}$$

在实际中考虑到分选腔会受到一定的偏心力，因此，实际选取主轴的直径为 20 mm。

5.3 小结

本章根据旋流多梯度磁选机流场和磁场仿真情况，对磁选机主要部件即分选腔和磁系的技术参数进行了设计，具体如下。

分选腔参数：分选腔锥体底面内径 65.7 mm，顶面内径 100 mm；分选腔内壁倾角为 15°，分选腔转速为 $0 \sim 1\,500$ r/min，分选腔锥体高度为 64 mm，理论离心强度最大值 $K = 125$。

磁系参数：磁极为四磁极 N - S 交替排列型；主磁极头四面收缩、副磁极头上下面收缩；主磁极磁包角为 60°、副磁极磁包角为 75°；主磁极每组 90(10 层 × 9 匝)匝，副磁极 10(2 层 × 5 匝)匝，励磁线圈共计 200 匝，总安匝数为 10^5 安匝。额定激磁电压主磁极 21.5 V、副磁极 1.65 V，额定激磁电流 500 A，额定总功率为 24.8 kW。冷却水进水头数主磁极 5 进 5 出，副磁极 1 进 1 出，冷却共计水量 1 m³/h。铁轭高 460 mm，宽 80 mm，截面积为 36 800 mm²。磁介质直径为 2 mm，总重量为 100 g 左右。旋流多梯度磁选机每次处理矿量约 185 g，间歇周期为 30 s 时，每小时处理量为 21.6 kg。

磁系铜耗量为 0.233 t，铁轭工业纯铁消耗量为 0.56 t；额定功率下，在分选腔内可提供的背景场强最高处为 0.978 T，最低处为 0.49 T。分选腔旋转电机额定功率为 2.5 kW。

第六章　颗粒在旋流多梯度磁选机中的受力分析

当旋流多梯度磁选机处理的物料颗粒粒度较细时，物料在分选过程中会受到磁力、离心力、重力、流体推动力、静电力、范德华力、摩擦力和惯性力。为了便于计算，以球形矿粒为例，分析和估算各种力的大小。

6.1　颗粒的受力情况

1）磁力

当半径为 R，密度为 ρ 的颗粒在离心力和磁力作用下，运动至分选腔内壁，吸附在截面积半径为 R 的磁介质上时，磁性颗粒受到磁介质的磁力为：

$$F_m = \frac{8\pi}{3}\mu_0 K R^3 H_0^2 \left[1 + \frac{a^2}{(a+R)^2} \right] \frac{a^2}{(a+R)^3} \text{ N} \tag{6-1}$$

式中：R 为颗粒的半径，m；ρ 为颗粒的密度，kg/m^3；μ_0 为真空磁导率，$\mu_0 = 4\pi \times 10^{-7} \text{Wb}/(\text{m}\cdot\text{A})$ 或 H/m；X_p 为磁性颗粒的比磁化率，m^3/kg；H_0 为背景磁场强度，A/m；a 为磁介质截面半径，m；K 为颗粒的体积磁化系数，$K = X_p \times \rho$。

2）离心力

在旋流多梯度磁选机的分选过程中，分选腔高速旋转，矿浆随之做旋转运动，假设矿浆中的颗粒在离心力作用下达到分选腔内壁，随着流体的旋转做匀速圆周运动，在分选腔内壁且半径为 R 的球形矿粒所受的离心力为：

$$F_C = mg = \frac{4\pi}{3}R^3\rho\frac{v^2}{r} \tag{6-2}$$

式中：v 为颗粒的旋转速度，m/s；r 为颗粒所在位置与分选腔轴线之间的距离，m；ρ 为颗粒的密度，kg/m^3；m 为颗粒的质量，kg；其他符号意义同上。

3）重力

$$f_g = mg = \frac{4\pi}{3}R^3\rho g \tag{6-3}$$

4）重力场的浮力

$$f_b = mg = \frac{4\pi}{3}R^3\rho_s g \tag{6-4}$$

式中：ρ_s 为流体的密度，kg/m^3；

5）离心力场的浮力

$$F_b = mg = \frac{4\pi}{3}R^3\rho_S\frac{v^2}{r} \tag{6-5}$$

6)轴向流体力

经计算靠近分选腔内壁处的颗粒所受到的流体力符合斯托克斯公式,则

$$F_{dz} = 6\pi\mu v_z R \tag{6-6}$$

式中:μ 为矿浆的黏性系数,P;v_z 为流体在轴向的速度分量,m/s;

7)异质颗粒之间的静电力

假定有两颗半径相同的球形颗粒,它们所带的表面电荷电位分别为 Ψ_1 和 Ψ_2。根据 DLVO 理论,它们之间的双电层势能为:

$$V_{ED} = \frac{\pi\varepsilon_a R_1 R_2}{R_1 + R_2}(\psi_1^2 + \psi_2^2)\left[\frac{2\psi_1\psi_2}{\psi_1^2 + \psi_2^2}\ln\left(\frac{1 + e^{-\kappa H}}{1 - e^{-\kappa H}}\right) + \ln(1 - e^{-2\kappa H})\right] \tag{6-7}$$

假设 $R_1 = R_2 = R$,上式可以简化为:

$$V_{ED} = \frac{1}{2}\pi\varepsilon_a R(\psi_1^2 + \psi_2^2)\left[\frac{2\psi_1\psi_2}{\psi_1^2 + \psi_2^2}\ln\left(\frac{1 + e^{-\kappa H}}{1 - e^{-\kappa H}}\right) + \ln(1 - e^{-2\kappa H})\right] \tag{6-8}$$

上式对距离 H 求导数的静电力为:

$$F_{ED} = \frac{dV_E}{dH} = \pi R\varepsilon_a(\psi_1^2 + \psi_2^2)\left[e^{-\kappa H} - \frac{\psi_1\psi_2}{\psi_1^2 + \psi_2^2}\right]\cdot\frac{\kappa e^{-\kappa H}}{1 - e^{-2\kappa H}} \tag{6-9}$$

式中:Ψ_1、Ψ_2 为矿粒的表面电位,V;ε_a 为水介质的绝对介电常数,$\varepsilon_a = \varepsilon_0\varepsilon_r$;$\varepsilon_0$ 为真空绝对介电常数,$\varepsilon_0 = 8.854 \times 10^{-12}(C^{-2}J^{-1}m^{-1})$;$\varepsilon_r$ 为水介质的相对介电常数 $\varepsilon_r = 78.5$;κ 为双电层厚度的倒数,1/m;H 为矿粒之间的距离,m;其他符号意义同上。

由上式可知,ψ_1 与 ψ_2 的符号相反,故 F_{ED} 恒大于零,因此异类矿粒之间静电力表现为相互吸引。

8)异质颗粒之间的范德华力

根据胶体化学原理,两个半径相同的异质球形颗粒之间的范德华引力势能为:

$$V_{WD} = -\frac{A}{6}\left[\frac{2R^2}{H^2 + 4RH} + \frac{2R^2}{(H^2 + 2R)^2} + \ln\frac{H^2 + 4RH}{(H + 2R)^2}\right] \tag{6-10}$$

上式对距离 H 求导数得:

$$F_{WD} = \frac{dV_W}{dH}$$

$$= \frac{A}{3}\left[\frac{2R^2(H + 2R)}{(H^2 + 4RH)^2} + \frac{2R^2}{(H + 2R)^2} - \frac{H + 2R}{H(H + 4R)} + \frac{1}{H + 2R}\right] \tag{6-11}$$

式中:A 为哈马克常数,J;H 为矿粒表面间距,m。

6.2　颗粒的受力计算

由于分选空间内颗粒受力复杂，颗粒所受的离心力和磁力随其所处空间位置的变化而不同，因此，需要对特定分选腔转速和激磁电流下的颗粒受力进行计算，才能获得颗粒在分选腔内受力的真实情况。颗粒的受力计算内容包括随着转速变化颗粒在分选腔不同位置受到的径向离心力、特定激磁电流下颗粒受到的离心力和磁力合力及颗粒在分选腔中受到的径向力和轴向力的计算。

6.2.1　颗粒在分选腔中受到的径向离心力

以粒径为 20 μm 的黑钨矿和石英的球形颗粒为例，当分选腔以 500 r/min、1 000 r/min、1 500 r/min 转速旋转运动时，计算颗粒在分选腔内壁上不同位置所受到的离心力。由于分选腔为轴对称体，我们取分选腔内壁表面的一半来表征颗粒所受到的离心力。黑钨矿和石英颗粒在不同转速下受到的离心力见图 6 - 1。

经计算粒度相同的石英和黑钨颗粒（均为 20 μm），当分选腔以不同的速度旋转时，在分选腔中不同位置处的受力差异见表 6 - 1。

表 6 - 1　黑钨与石英（均为 20 μm）的受力差异

分选腔转速/ r/min	离心强度/G	受力差异范围/10^{-9}N
500	13.98	1.56 ~ 2.66
1 000	55.96	5.90 ~ 12.04
1 500	125	12.04 ~ 30.81

由表 6 - 1 黑钨与石英颗粒（均为 20 μm）的受力差异可知，在仅有离心力场存在的情况下，由于物料粒度细小，只有提供强大的离心力才能实现目的矿物的受力差异，即使在设备提供的离心强度 55.96 G 的情况下，相同粒度的黑钨和石英颗粒受力差异只有（5.90 ~ 12.04）× 10^{-9} N，很难实现物料的良好分离。而离心强度继续增大又会导致部分石英（实际矿浆中部分石英粒度会大于黑钨）进入黑钨精矿，降低精矿品质，这是离心机分选物料回收率和品位难以取舍的原因。

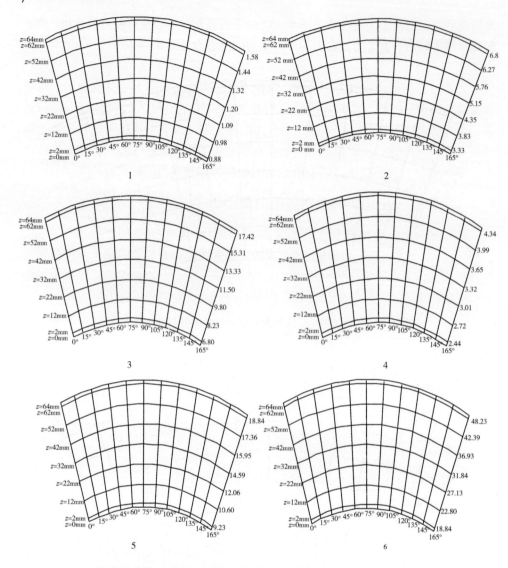

图6-1 黑钨矿和石英颗粒在不同转速下受到的离心力(10⁻⁹N)
1—石英、500 r/min；2—石英、1 000 r/min；3—石英、1 500 r/min；4—黑钨、500 r/min；
5—黑钨、1 000 r/min；6—黑钨、1 500 r/min

6.2.2 颗粒在分选腔中受到的径向离心力和磁力复合力

计算对象为粒径为20 μm的黑钨矿和石英的球形颗粒，当分选腔以500 r/min转速作旋转运动时，激磁电流为400 A(分选腔内壁背景场强0.43~0.92 T)时，黑钨颗粒在分选腔内壁不同位置所受到磁力见图6-2，黑钨颗粒在分选腔内壁不同位置所受到磁力和离心力复合力见图 6-3，由于石英颗粒不会受到磁力的作用，因此石英受到的磁力和离心力复合力等于其受到的离心力见图 6-4。

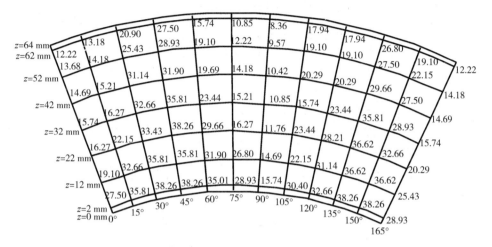

图 6-2　黑钨颗粒在分选腔内壁不同位置所受到磁力(10^{-9}N)

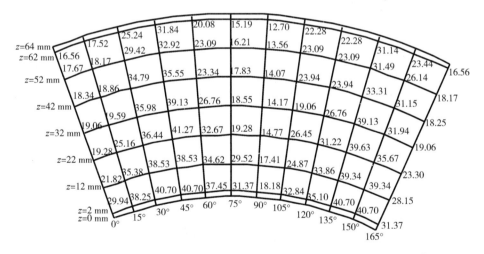

图 6-3　黑钨颗粒在分选腔内壁不同位置所受到磁力和离心力复合力(10^{-9}N)

经计算粒度相同粒径的石英和黑钨颗粒(均为 20 μm)，当分选腔以 500 r/min 速度旋转时，激磁电流为 400 A 时，在分选腔中不同位置处的受力差异由($1.56 \sim 2.66$)×10^{-9} N(只有离心场强)增加至($11.12 \sim 39.82$)×10^{-9} N(复合场强)，这将大大有利于磁性颗粒的捕获，另外，由于分选过程是在较低的离心场强下进行的，可以降低脉石受力，减轻精矿对脉石的夹杂，确保精矿的质量。

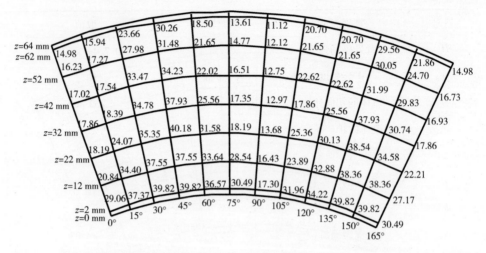

图 6-4 黑钨与石英颗粒在分选腔内壁不同位置所受到复合力(磁力和离心力)差值(10^{-9}N)

6.2.3 颗粒在分选腔中受到的径向力和轴向力

颗粒在分选腔中运动时受到的径向力包括磁力、离心力和离心场中的浮力;所受到的轴向力包括流体推动力、重力和重力场中的浮力。另外,颗粒之间还有异质静电力和范德华力。下面我们在磁系激磁电流 400 A、分选腔转速 500 r/min的操作条件下,以分选腔 $z=32$ mm 水平截面内壁上颗粒的受力情况为例,计算不同粒径的黑钨和石英颗粒所受到的径向力和轴向力。为直观起见,计算过程中所用到的所有符号的物理意义、单位及取值列于表 6-2 颗粒受力计算中所用到的量。

表 6-2 颗粒受力计算中所用到的量

符号	物理意义	单位	取值
R	矿粒半径	m	$(1\sim20)\times10^{-6}$
μ_0	真空磁导率	N/A^2 或 H/m	$4\pi\times10^{-7}$
χ	黑钨矿比磁化率	m^3/kg	0.49×10^{-6}
δ_1	黑钨矿密度	kg/m^3	7.2×10^3
δ_2	石英密度	kg/m^3	2.6×10^3
a	磁介质截面半径	m	10^{-3}
r	矿粒与中轴线之间距离	m	0.04

续表 6 - 2

符号	物理意义	单位	取值
H_0	背景磁场强度	A /m	$0.7/4\pi \times 10^{-7}$
μ	矿浆黏度	N · s/m^2	10^{-3}
υ	流体的切向速度	m / s	2.2 m/s
υ_z	流体的轴向速度	m / s	0.21 m/s
g	重力加速度	m / s^2	9.8
ρ	水的密度	kg /m^3	10^3
ψ_1	黑钨矿表面电位	V	0.05
ψ_2	石英表面电位	V	-0.05
ε_0	真空介电常数	F/m	8.85×10^{-12}
ε_r	水相对介电常数	F/m	78.5
ε_a	水绝对介电常数	F/m	$\varepsilon_0 \varepsilon_r$
κ	双电层厚度倒数	1/m	10^{-8}
H	两相互作用物表面间距	m	10^{-6}
A	哈马克常数	J	1×10^{-20}

注：流体的轴向速度和切向速度来自 Fluent 仿真数据；背景场强来自 Ansys 仿真数据（$z = 32$ mm 水平截面上的背景场强的平均值）。

颗粒所受径向力与粒径之间的关系见图 6 - 5。

由图 6 - 5 颗粒所受径向力与粒径之间的关系可知，当颗粒粒径小于 10 μm 时，黑钨和石英颗粒在分选腔中所受的径向力差别不大，当颗粒粒径大于 10 μm 而小于 20 μm 时，黑钨和石英颗粒所受的离心力仍差别不大，但黑钨矿所受的磁力已远大于其受到的离心力，成为影响其受力和分选的第一要素，随着粒径的进一步增大，黑钨矿所受的离心力成为影响其回收的第二要素，磁场在离心力场中的介入，不仅有利于增大磁性颗粒与非磁性颗粒的受力差异，而且能够优先于离心力成为影响分选的第一要素，降低物料的分选下限。

颗粒在分选腔轴向所受的力主要有轴向流体力、重力和重力场中的浮力三种，这三种力决定了颗粒在轴向上的运动轨迹和黑钨与石英的轴向分选效率。颗粒所受轴向力与粒径之间的关系见图 6 - 6。

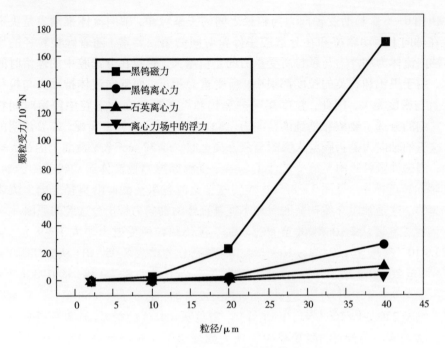

图 6-5　颗粒所受径向力与粒径之间的关系

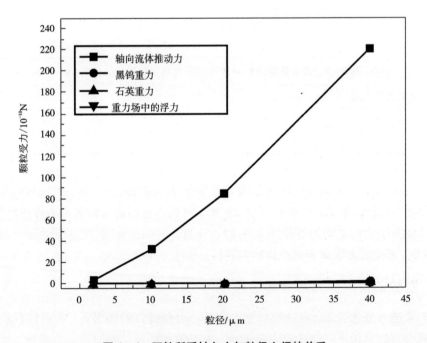

图 6-6　颗粒所受轴向力与粒径之间的关系

　　由图 6-6 颗粒所受轴向力与粒径之间的关系可知，轴向流体推动力是决定颗粒在轴向上运动轨迹和在分选腔中停留时间的第一要素，随着颗粒粒径的增大，轴向流体力和浮力与颗粒所受重力的差值增大，颗粒在分选腔中的停留时间缩短，由于黑钨和石英的粒度都很小，所受重力相近，而轴向流体推动力与粒径相关且与密度无关，因此，粒度相同的黑钨和石英颗粒在分选腔中停留时间相近，它们的分选主要依靠受到的径向力（离心力和磁力）差异来实现。需要说明的是，这里的轴向力是指颗粒未吸附至磁介质上时，$z = 32$ mm 水平截面上的最大轴向力，当磁性颗粒吸附至磁介质上后，由于受到摩擦力及流体运动状态的影响，流体轴向速度减小，见图 3-8 分选腔转速变化时各水平截面沿直径方向上流体轴向速度，这是被磁介质捕获的颗粒不能被流体的轴向力带出分选腔的原因。

　　当颗粒粒度从 2 μm 增大至 40 μm 时，黑钨颗粒所受磁力增大 7 408 倍（从 0.023×10^{-9} N 增至 170.39×10^{-9} N），所受离心力增大 8 057 倍（从 $0.003\ 3 \times 10^{-9}$ N 增至 26.59×10^{-9} N）；石英颗粒所受离心力增大 8 000 倍（从 $0.001\ 2 \times 10^{-9}$ N 增至 9.6×10^{-9} N）；而它们所受的流体推动力仅增大 55.58 倍（从 3.96×10^{-9} N 增至 220.09×10^{-9} N），由此可知，随着颗粒粒度的增大，颗粒所受磁力的增大倍数与离心力相近，所受径向力增大幅度远大于轴向推动力增大幅度，因此，磁力和离心力的叠加更加有利于粒度大的磁性颗粒在分选腔中的捕获。

　　另外，黑钨与石英之间还受到异质静电力和范德华力，异质静电力和异质范德华力与颗粒粒度的关系见表 6-3。

表 6-3　异质静电力和异质范德华力与颗粒粒度的关系

矿粒直径/μm	2	10	20	40
异质静电力/N	5.46×10^{-18}	2.73×10^{-17}	5.46×10^{-17}	2.98×10^{-16}
异质范德华力/N	-8.89×10^{-17}	2.71×10^{-15}	6.78×10^{-15}	1.51×10^{-14}

　　从表 6-3 异质静电力和异质范德华力与颗粒粒度的关系可知，黑钨和石英之间的静电力数量级很低，当颗粒直径 2~40 μm 时，它们之间的静电力在 10^{-18} ~ 10^{-16} N 之间，它们之间的范德华力在 10^{-17} ~ 10^{-14} N 之间，其数量级远低于其他力，因此，静电力和范德华力不是影响物料分选的主要原因。

6.3　颗粒的径向分离与分选过程

　　矿浆进入分选腔后，磁性颗粒主要在离心力和磁力的作用下，非磁性颗粒主要在离心力的作用下向分选腔内壁运动，由于两种颗粒受到的径向力差异，可以实现它们在径向的分离，这一过程叫做颗粒的径向分离过程；当磁性颗粒和少量非磁性颗粒运动至磁介质表面时，磁性颗粒受到磁介质吸引力和流体离心力被捕获，而非磁性颗粒由于只受到离心力，在反向冲洗水、磁性颗粒的离析作用和轴向流体力作用下进入尾矿，这一过程叫做颗粒的分选过程。

1）颗粒的径向分离

颗粒的径向分离必须满足以下两个条件：①$t_1 < t_2$；②$t_3 > t_4$；③$t_1 < t_3$。

其中：t_1为磁性颗粒在径向力作用下到达磁介质表面所需要的时间，s；t_2为磁性颗粒在轴向力作用下到达磁介质表面所需要的时间，s；t_3为非磁性颗粒在径向力作用下到达磁介质表面所需要的时间，s；t_4为非磁性颗粒在轴向力作用下到达磁介质表面所需要的时间，s。

磁性颗粒在径向上的受力有磁力f_m、有效离心力F_c、有效重力G和反向冲洗水阻力F_z（由于磁性颗粒在分选腔中的受力随位置变化而变化，为了便于计算，上述各力为平均力），假设颗粒距离磁介质的距离为h，磁介质所占据分选腔的长度为l，分选腔内壁倾角为θ，则磁性颗粒在径向力作用下运动至介质表面的时间t_1为：

$$t_1 = \sqrt{2h \times (\frac{4\pi}{3}R^3\delta)/(f_m + G\cos\theta + F_c - F_z)} \qquad (6-12)$$

磁性颗粒在轴向平均流体力F_{dz}作用下离开介质区域的时间t_2为：

$$t_2 = \sqrt{2l \times (\frac{4\pi}{3}R^3\delta)/(F_{dz} - G)} \qquad (6-13)$$

将上式代入$t_1 < t_2$可得：

$$\frac{F_{dz} - G}{f_m + G\cos\theta + F_c - F_z} - \frac{l}{h} < 1 \qquad (6-14)$$

由上式可知，加快磁性颗粒向内壁磁介质运动的途径有以下几种：①增大颗粒的质量；②减小颗粒在轴向上受到的流体力；③增大背景场强；④增大径向离心力；⑤减小反向冲洗水阻力；⑥增大磁介质占据分选腔的长度；⑦减小颗粒距离磁介质的距离，即流膜厚度。

同理可得到径向分离的第二个条件关系式：

$$t_3 = \sqrt{2h \times (\frac{4\pi}{3}R'^3\delta')/(G'\cos\theta + F_c' - F_z')} \qquad (6-15)$$

$$t_2 = \sqrt{2l \times (\frac{4\pi}{3}R'^3\delta')/(F_{dz}' - G')} \qquad (6-16)$$

$$\frac{F_{dz}' - G'}{G'\cos\theta + F_c' - F_z'} - \frac{l}{h} > 1 \qquad (6-17)$$

式中：R'和δ'分别为非磁性颗粒的平均直径，m 和密度，kg/m³；F_{dz}'、G'、F_c'、F_z'分别为非磁性颗粒所受到的平均轴向流体力、有效重力、有效离心力和反向冲洗水阻力，N。

由颗粒径向分离的第三个条件 $t_1 < t_3$ 可知:

$$\frac{f_m + G\cos\theta + F_c - F_z}{G'\cos\theta + F_c' - F_z'} > 1 \tag{6-18}$$

当颗粒直径相同时,颗粒所受到的反向冲洗水的阻力是相同的,但由于磁性颗粒的比重一般大于脉石矿物,所以它的质量和所受到的离心力大于脉石矿物,加上比磁化系数差异使磁性颗粒受到较大的磁力,因此,上式在粒径相同的磁性颗粒和非磁性颗粒分离过程中是恒成立的。另,由于磁性颗粒在径向运动过程中还未与磁介质接触,其所处位置的磁场梯度较低,因此磁性颗粒在径向运动过程中受到的磁力较小,以直径为 $10~\mu m$ 的黑钨矿为例,当背景场强为 $0.8~T$ 时,未接触磁介质时其所受到的磁力在 $10^{-12}~N$ 数量级,所以径向分离的主导力为离心力场($10^{-10} \sim 10^{-9}~N$),但在背景磁场中磁性颗粒磁化后发生的磁团聚,相当于增大了磁性颗粒的粒径,则可以大大强化离心力的作用(颗粒的离心力与其直径成三次方正比关系)。

2)颗粒的分选

当颗粒运动至磁介质上时,此时颗粒所受到的离心力最大,磁性颗粒所受到的磁力也最大,颗粒在磁介质上的分选有三个条件:①磁性颗粒受到的捕捉力大于其受到的竞争力;②非磁性颗粒受到的捕捉力小于其受到的竞争力;③磁性颗粒受到的捕捉力大于非磁性颗粒受到的捕捉力。

磁性颗粒在介质上受到的捕捉力主要为离心力 F_c 和磁力 F_m,竞争力主要为反向冲洗水的阻力 F_z;非磁性颗粒在介质上受到的捕捉力主要为离心力 F_c',竞争力主要为反向冲洗水的阻力 F_z',上述三个条件可表示为:

$$F_c + F_m > F_z \tag{6-19}$$
$$F_c' < F_z' \tag{6-20}$$
$$F_c + F_m > F_c' \tag{6-21}$$

非磁性颗粒之所以能够像磁性颗粒运动至内壁上,是因为它们的粒径大于磁性颗粒,如果只是单一地增大分选腔转速即增大离心力,很难造成非磁性颗粒与磁性颗粒的受力差异,难以将它们分离,但在背景磁场中,由于磁介质的磁场梯度很高,磁性颗粒接触磁介质受到较大的磁力,磁力已经成为分选物料的主导力,很容易实现磁性颗粒和非磁性颗粒的受力差异,因此可以进行粒径小的磁性颗粒和粒径大的非磁性颗粒之间的分选。

6.4　复合力场对选矿指标的影响

6.4.1　旋流多梯度磁选机的松散原理

磁精矿品位不高的原因主要是磁性产品对非磁性颗粒的夹杂,即非磁性颗粒被磁性颗粒或介质丝截住，形成的机械夹杂，传统磁选机由于流体力 R 方向向下，非磁性颗粒不能脱离束缚状态，随着时间的延续最终导致磁介质的堵塞，而旋流多梯度磁选机，矿浆沿磁介质表面以较大的速度进行切向运动，因此非磁性颗粒的夹杂和介质堵塞将大大减轻。非磁性矿粒夹杂的形成见图 6-7。

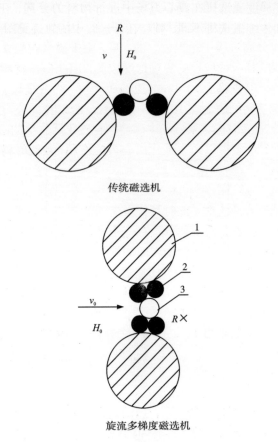

传统磁选机

旋流多梯度磁选机

图 6-7 非磁性矿粒夹杂的形成

1—磁介质；2—磁性颗粒；3—非磁性颗粒

由图 6-7 非磁性矿粒夹杂的形成可知：①传统磁选机分选过程中，非磁性颗粒易被磁性颗粒或介质丝截住，流体力指向下方，非磁性颗粒无法脱离束缚状态，即使有脉动，这种情况也无法避免；②旋流多梯度磁选机，矿浆在分选腔内旋转运动，在运动过程中不断地分散物料，另，颗粒群在离心力的作用下会发生离析运动，导致密度小的非磁性颗粒被排挤至远壁区，且设备存在与离心力和磁力方向的反向冲洗水阻力，可有效降低非磁性颗粒的夹杂；③传统磁选机的给矿方向为自上而下时，绝大多数被捕获的颗粒停留在磁介质的上表面，而磁介质下表面捕获的几率很少；④旋流多梯度磁选机，矿浆在分选腔内旋转运动，物料不断与磁介质摩擦碰撞，因此，介质表面都可几率相同地捕获磁性颗粒。

6.4.2　离心力场对颗粒分选行程的影响

由于旋流多梯度磁选机在离心力场中进行物料的分选，在离心力的作用下，颗粒运动轨迹和传统磁选机不同，颗粒在分选腔中的轨迹见图6-8。

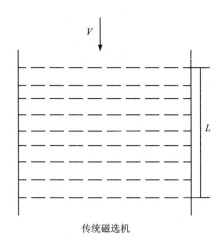

传统磁选机

旋流多梯度磁选机

图6-8　颗粒在分选腔中的轨迹

由图6-8颗粒在分选腔中的轨迹可知：传统磁选机颗粒在磁介质中的行程等于磁介质堆的高度 L，而旋流多梯度磁选机中颗粒在介质中的行程与分选腔高度、分选腔半径和分选腔内壁倾角相关，与分选腔的旋转速度无关，颗粒的行程

S 经计算为：

$$S = \sqrt{\frac{H \times \bar{r}}{\sin\theta}} \qquad (6-22)$$

式中：H 为分选腔锥体的高度，m；$\bar{r}$ 为分选腔锥体的平均半径，m；θ 为分选腔锥体的内壁倾角，(°)。

将本书设计的分选腔参数：锥体高度为 0.064 m、$\theta=15°$ 代入公式，计算得 S = 0.1 m，即颗粒的行程要远大于分选腔的高度，这将大大提高颗粒被捕获的几率。

6.4.3　磁场对捕获概率和品位的影响

旋流多梯度磁选机磁性颗粒被捕获概率 R_m 和品位的理论公式可由下式表示：

$$R_m = 1 - w = 1 - \exp(-c\frac{F_m + F_c}{F_d}) \qquad (6-23)$$

式中：w 为未被捕收的黑钨矿颗粒百分数，%；c 为调节系数；F_m、F_c 和 F_d 分别为黑钨矿所受到的磁力、离心力和竞争力，N。

显然，与离心机相比，磁力 F_m 的添加有利于黑钨矿回收率 R_m 的提高。

$$\beta = \beta_{max} G_m = \frac{\beta_{max}}{1 + A_{nm}k'\dfrac{F_i}{F_c}} \qquad (6-24)$$

式中：β_{max} 为磁性颗粒理论品位，%；A_{nm} 为给矿非磁性颗粒与磁性颗粒的重量比；k' 为比例常数；F_i 为因机械夹杂作用于非磁性颗粒上的作用力，N；F_c 为促使非磁性颗粒离开的作用力，N。

设备分选物料过程中，β_{max}、A_{nm}、k'、F_c 可视为常数，由于设备在低离心加速度条件下，可实现磁性与非磁性颗粒产生较大的受力差异，因此在相同粒径的两种颗粒受力差异下，作用于非磁性颗粒的夹杂力 F_i 减小，因此有利于磁性产品品位的提高。

6.5　小结

本章详细计算了颗粒在旋流多梯度磁选机中所受到的力，并以粒径不同的黑钨矿和石英颗粒为例，计算了它们在不同背景场强和流体转速条件下的受力大小，分析了影响物料在分选腔径向和轴向分离的主要受力类型，而后构建了关于物料径向分离过程和分选过程的模型，阐述了旋流多梯度磁选机可以进行弱磁性物料分选的理论基础，得到的结论如下：

(1)物料在旋流多梯度磁选机的分选过程中，弱磁性颗粒受到的力主要为磁力、离心力、重力、流体推动力、静电力、范德华力、摩擦力和惯性力等，非磁性颗粒会受到除了磁力外的其他各种力。

（2）以黑钨矿和石英为例，计算了它们在特定背景场强和离心强度下的受力情况，由颗粒所受的径向力与粒径之间的关系可知，当颗粒粒径小于 10 μm 时，黑钨和石英颗粒在分选腔中所受的径向力差别不大，当颗粒粒径大于 10 μm 而小于 20 μm 时，黑钨和石英颗粒所受的离心力仍差别不大，但黑钨矿所受的磁力已远大于其受到的离心力，成为影响其受力和分选的第一要素，随着粒径的进一步增大，黑钨矿所受的离心力成为影响其回收的第二要素，磁场在离心力场中的介入，不仅有利于增大磁性颗粒与非磁性颗粒的受力差异，而且能够优先于离心力成为影响分选的第一要素，降低物料的分选下限。

（3）根据颗粒的径向分离过程模型，颗粒在径向运动过程中，弱磁性颗粒受到的磁力，尤其弱磁性颗粒磁化后发生的磁团聚（相当于增大了磁性颗粒的粒径），可以强化磁性物料和非磁性物料在径向运动过程中的分离效率；根据颗粒的分选过程模型，当物料到达磁介质表面后，磁力已经成为分选物料的主导力，大大增加了磁性颗粒和非磁性颗粒的受力差异，因此，最终可以实现物料的分选。

（4）复合力场对选矿指标的影响表明：离心力场不仅有利于颗粒分散和颗粒与磁介质的充分接触，可以有效避免夹杂和堵塞，还有利于延长颗粒在分选腔中的行程，增加颗粒的捕捉概率，因此，复合力场有利于磁性产品回收率和品位的提高。

第七章 离心力、磁力分选试验及旋流多梯度磁选机分选性能研究

7.1 物料性质与试验研究

要预测某种物料在旋流多梯度磁选机中的分选指标，首先需要确定此种物料的分选指标和磁力、离心力及其他力之间的关系，然后构建分选指标关于力场之间的模型，本章确定试验对象为某地的黑钨矿，为了确定该物料分选指标与磁力场和离心力场的关系，选择了试验室型 SLon－500 立环脉动高梯度磁选机和 FalconΦ10 立式离心机为提供磁力和离心力的装置，并分别进行试验研究。

7.1.1 物料性质

对原矿进行了化学多元素分析，结果见表 7－1。

表 7－1 原矿多元素分析结果

元素	WO$_3$	As	S	CaF$_2$	SiO$_2$	MgO	TFe
含量/%	0.41	0.38	1.06	6.21	67.81	0.31	3.83
元素	Al$_2$O$_3$	K$_2$O	Na$_2$O	Mn	Sn	CaO	
含量/%	9.02	1.33	0.14	0.10	0.08	4.13	

原矿主要矿物组成及其相对含量见表 7－2。

表 7－2 原矿主要矿物组成及其相对含量(%)

矿物名称	相对含量	矿物名称	相对含量
黑钨矿、钨华	0.55	石英、蛋白石	59.40
白钨矿	0.05	长石	3.00
黄铁矿(含少量磁黄铁矿)	0.60	角闪石、石榴子石	1.00
毒砂	0.80	方解石类	1.00
锡石	0.07	萤石	6.00
黝锡矿	0.04	绢云母(含少量白云母)	20.00
绿泥石	2.00	其他	2.49
褐铁矿、磁铁矿、赤铁矿	3.00		
合计			100.00

钨的化学物相分析结果见表7-3。

表7-3　钨的化学物相分析结果(%)

钨的相	WO₃含量	分布率	备注
钨华中的钨	0.001	0.29	$WO_3 \cdot H_2O$
白钨矿中的钨	0.039	11.14	$CaWO_4$
黑钨矿中的钨	0.31	88.57	$(Fe, Mn)WO_4$
总钨	0.35	100.00	

钨主要赋存于黑钨矿中,约占88.57%,其次赋存于白钨矿中,约占11.14%,钨华仅占0.29%。黑钨矿镜下非均质性较强,估计为偏钨锰矿种类的黑钨矿。

黑钨矿的嵌布粒度见表7-4。

表7-4　黑钨矿的嵌布粒度分布(%)

粒级范围/mm	分　布	累　计
>0.2	2.67	2.67
0.2~0.152	15.53	18.2
0.152~0.074	29.62	47.82
0.074~0.037	24.42	72.24
0.037~0.019	15.37	87.61
0.019~0.010	6.83	94.44
0.010~0.005	4.25	98.69
<0.005	1.31	100.00

原矿入选粒度为 -0.074 mm 70%左右,该粒度下的原矿筛水析结果见表7-5,黑钨矿单体解离度测定结果见表7-6。

表7-5　原矿筛水析结果(%)

粒级/mm		产率	WO₃	
			品位	分布率
筛	+0.088	19.67	0.42	19.88
析	+0.074	10.62	0.41	10.48

续表 7 - 5

粒级/mm		产率	WO₃	
			品位	分布率
水	+0.074	1.34	1.76	5.67
	+0.037	19.67	0.41	19.40
	+0.019	23.81	0.37	21.19
析	+0.010	14.05	0.36	12.17
	-0.010	10.84	0.43	11.21
合计		100.00	0.416	100.00

WO₃在各粒级(忽略水析 +0.074 mm 低产率粒级)的品位相差不大,无明显富集,其分布率与粒级产率基本一致。

表 7 - 6　原矿筛水析产品中黑钨矿解离度(%)

粒级/mm		WO₃分布率	解离度	备注:磨矿细度 70% -0.074 mm
筛	+0.088	19.88	61.54	连生体主要与脉石毗连连生,部分被脉石包裹
析	+0.074	10.48	65.33	连生体主要与脉石毗连连生,部分被脉石包裹
水	+0.074	5.67	66.78	连生体主要与脉石毗连连生
	+0.037	19.40	73.12	连生体主要与脉石毗连连生
	+0.019	21.19	75.25	连生体主要与脉石毗连连生
析	+0.010	12.17	88.63	连生体主要与脉石毗连连生
	-0.010	11.21	94.56	连生体主要与脉石毗连连生
合计		100.00	74.38	

7.1.2　离心力与磁力分选试验

离心力场试验研究内容包括离心力加速度和反向冲洗水压力对黑钨矿回收率和品位的影响。原矿 WO₃ 品位为 0.4% 左右。操作条件:矿浆浓度为 10%,每次给矿量为 200 g,离心力场条件试验结果见表 7 - 7。

表 7 - 7　离心力场条件试验结果

编号	离心加 速度/ G	反向冲洗 水压/psi	精矿 产率/%	精矿 WO₃ 品位/%	精矿 WO₃ 回收率/%
1	20	0.2	10.77	2.24	65.88
2	40	0.2	14.21	1.85	71.86
3	60	0.2	19.30	1.56	79.88
4	80	0.2	25.24	1.21	82.78
5	60	0.05	29.76	1.12	86.35
6	60	0.1	26.02	1.32	84.68
7	60	0.15	22.35	1.45	81.14
8	60	0.25	16.12	1.79	77.48

　　磁场试验研究内容包括背景磁场强度、脉动冲次和磁介质直径对黑钨矿分选指标的影响。原矿 WO_3 品位为 0.4% 左右。操作条件：矿浆浓度为 10%，每次给矿量为 3 kg，磁场条件试验结果见表 7 - 8。

表 7 - 8　磁场条件试验结果(%)

编号	背景场强/T	脉动冲次 /(r · min⁻¹)	磁介质直径 /mm	精矿 产率/%	精矿 WO₃ 品位/%	精矿 WO₃ 回收率/%
1	0.7	150	3	10.15	2.48	68.30
2	0.8	150	3	12.89	2.22	74.91
3	0.9	150	3	14.28	2.02	77.45
4	1.0	150	3	16.00	1.86	79.21
5	1.0	50	3	21.99	1.50	84.70
6	1.0	100	3	18.99	1.61	80.57
7	1.0	200	3	11.12	2.68	78.10
8	1.0	200	1.5	13.10	2.51	82.19
9	1.0	200	2	12.23	2.56	80.89
10	1.0	200	2.5	11.72	2.62	79.44

　　磁精矿中除了磁性成分黑钨矿外，还含有非磁性颗粒，磁性产品中非磁性颗

粒的捕收率 R_{nm} 可用下式表示：

$$R_{nm} = \frac{(1 - \frac{\beta_m}{\beta_{max}})\gamma_m Q}{(1 - \frac{a}{\beta_{max}})Q} = \frac{(\beta_{max} - \beta_m)\gamma_m}{\beta_{max} - a} \qquad (7-1)$$

式中：a 和 Q 分别为给料中黑钨矿的品位（%）和给料质量（g）；γ_m 和 β_m 分别为磁性产品的产率和品位，%；β_{max} 为黑钨矿的理论品位，%。

由上式可以得到磁精矿中的黑钨矿和非磁性物料回收率与力场参数之间的关系，见表 7-9。

表 7-9 磁精矿中的黑钨矿和非磁性物料回收率与力场参数之间的关系

编号	离心加速度/G	反向冲洗水压/psi	背景场强/T	脉动冲次/(r·min⁻¹)	磁介质直径/mm	精矿WO₃回收率/%	精矿中非磁性颗粒回收率/%
1	0	0	0	0	1	0	
2	0	0.2	0	0	0	0	
3	0	0.2	0	0	1	0	
4	20	0.2	0	0	—	65.88	10.51
5	40	0.2	0	0	—	71.86	13.94
6	60	0.2	0	0	—	79.88	19.00
7	80	0.2	0	0	—	82.78	24.97
8	60	0.05	0	0	—	86.35	29.48
9	60	0.1	0	0	—	84.68	25.70
10	60	0.15	0	0	—	81.14	22.04
11	60	0.25	0	0	—	77.48	15.82
12	0	0	0.7	150	3	68.30	9.87
13	0	0	0.8	150	3	74.91	12.58
14	0	0	0.9	150	3	77.45	13.97
15	0	0	1.0	150	3	79.21	15.69
16	0	0	1.0	50	3	84.70	21.67
17	0	0	1.0	100	3	80.57	18.69
18	0	0	1.0	200	3	78.10	10.78
19	0	0	1.0	200	1.5	82.19	12.73
20	0	0	1.0	200	2	80.89	11.88
21	0	0	1.0	200	2.5	79.44	11.38

注：psi 为离心机反向冲洗水压常用国际单位磅/英寸²。

7.2 旋流多梯度磁选机分选指标模型的构建

黑钨矿原矿进入设备后，经设备分选得到两种产品，即密度大、比磁化系数大的黑钨矿精矿和密度小、比磁化系数小的脉石尾矿。精矿中黑钨矿的捕收率和品位可表明物料的分选完整程度，因此，捕收率和品位是选矿的两个重要指标，也是衡量设备优劣与物料可选性好坏的判据。下面根据试验中黑钨矿分选指标与磁力和离心力参数之间的关系，构建该物料分选指标关于受力参数的模型。

7.2.1 黑钨矿捕收率模型

黑钨矿的捕收率可以用平衡模型表示，由于受力模型比较复杂，对颗粒受力进行简化，作用在目的矿物黑钨矿上的捕捉力主要为离心力和磁力，竞争力主要为反向冲洗水阻力和脉动流体力。黑钨颗粒的捕收率可以用下式表示：

$$R_m = 1 - w = 1 - \exp(-c\frac{F_m + F_c}{F_d}) \qquad (7-2)$$

式中：w 为未被捕收的黑钨矿颗粒百分数，%；c 为调节系数；F_m、F_c 和 F_d 分别为黑钨矿所受到的磁力、离心力和竞争力，N。

当黑钨矿的粒度确定时，黑钨矿所受到的磁力是关于背景场强和磁介质半径的函数 $[F_m = f(B^2, 1/a)]$，所受到的离心力是关于重力加速度的函数 $[F_c = f(G)]$，而竞争力是关于反向冲洗水压和脉动频率的函数 $[F_d = f(p, n)]$。

使用非线性拟合程序 1stopt 对黑钨矿受力和捕收率之间的关系进行拟合，拟合方程如下：

$$R_m = 1 - w = 1 - \exp(p_1 \times \frac{\frac{p_2 \times B^2}{a} + p_3 G + p_4\sqrt{B} + p_5\sqrt{G}}{p_6\sqrt{p} + p_7 n + p_8}) \qquad (7-3)$$

经过计算迭代收敛后得到黑钨矿捕收率方程中 p_1、p_2、p_3、p_4、p_5、p_6、p_7 和 p_8 的参数值见表 7 - 10，回收率实际值 R_m 和拟合方程计算值的关系见图 7 - 1。

表 7 - 10 黑钨矿捕收率方程的参数值

参数	计算值	参数	计算值
p_1	0.909856189540013	p_2	- 0.0124179175047
p_3	4.99899676535429	p_4	0.00452431501779056
p_5	- 3.46592544526385	p_6	2.73918662357979
p_7	1.25660517038578	p_8	0.388184838847927

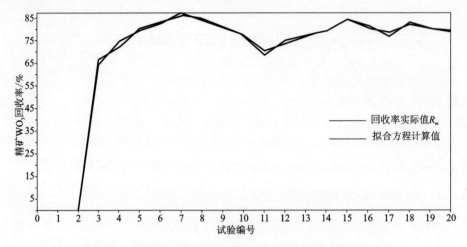

图7-1　黑钨矿回收率实际值 R_m 和拟合方程计算值的关系

图7-1中试验编号0~20对应表7-9中试验编号1~21。优化算法：麦夸特法（Levenberg - Marquardt）+ 通用全局优化法；计算结束原因：达到收敛判断标准；均方差（RMSE）：0.0146276812159587；残差平方和（SSE）：0.00385144303960278；相关系数（ R ）：0.961585508361928；相关系数之平方（ R^2 ）：0.924646689891667；决定系数（ DC ）：0.924471106938126；卡方系数（Chi - Square）：0.00254862517516342；F 统计（F - Statistic）：196.333074379843。

7.2.2　黑钨矿品位模型

使用非线性拟合程序 1stopt 对磁精矿中非磁性物料受力和捕收率之间的关系进行拟合，拟合方程如下：

$$R_{nm} = 1 - w = 1 - \exp(p_9 \times \frac{p_{10}B + p_{11}a + p_{12}g + p_{13}}{p_{14}\sqrt{p} + p_{15}n + p_{16}}) \qquad (7-4)$$

经过计算迭代收敛后得到黑钨矿捕收率方程中 p_9、p_{10}、p_{11}、p_{12}、p_{13}、p_{14}、p_{15} 和 p_{16} 的参数值见表7-11，非磁性物料回收率实际值 R_{mn} 和拟合方程计算值的关系见图7-2。

表7-11　磁精矿中非磁性物料捕收率方程的参数值

参数	计算值	参数	计算值
p_9	0.0661764491027339	p_{10}	-21.7377235002237
p_{11}	0.305625246948839	p_{12}	-1.11746539391771
p_{13}	-13.2759519433988	p_{14}	42.291382994468
p_{15}	0.057355132929648	p_{16}	5.48258211576009

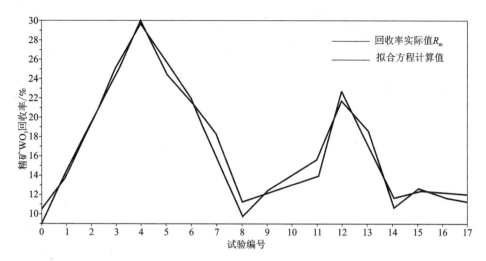

图 7 – 2　精矿中非磁性物料回收率实际值 R_{mn} 和拟合方程计算值的关系

图 7 – 2 中试验编号 0 ～ 17 对应表 7 – 9 中试验编号 5 ～ 21。优化算法：麦夸特法（Levenberg – Marquardt） + 通用全局优化法；计算结束原因：达到收敛判断标准；均方差（RMSE）：0. 010530551820997；残差平方和（SSE）：0.00199606538978466；相关系数（R）：0. 983148274091723；相关系数之平方（R^2）：0. 966580528849533；决定系数（DC）：0. 966522973792752；卡方系数（Chi – Square）：0. 00682162035536265；F 统计（F – Statistic）：462. 762812492215。

由于给料中非磁性颗粒与磁性颗粒的质量比 A 为：

$$A = \frac{(1 - \dfrac{a}{\beta_{max}})Q}{\dfrac{aQ}{\beta_{max}}} = \frac{\beta_{max} - a}{a} \tag{7 – 5}$$

黑钨矿的理论品位 β_{max} 为 76%，本矿样中黑钨含量按照 0.4% 计，经计算得：$A = 189$。

磁性物料的回收率 R_m 可表示为：

$$R_m = \frac{\beta_m \gamma_m}{a} \tag{7 – 6}$$

将上述两式和磁性产品中非磁性颗粒回收率 R_{nm} 相结合可得到下述等式：

$$\frac{R_m}{R_m + AR_{nm}} = \frac{\beta}{\beta_{max}} \tag{7 – 7}$$

由上式可知磁精矿中磁性矿物的品位为：

$$\beta = \frac{\beta_{\max} R_{\mathrm{m}}}{R_{\mathrm{m}} + AR_{\mathrm{nm}}} \tag{7-8}$$

将拟合方程代入上式可以得到,黑钨精矿品位模型为:

$$\beta = \frac{0.76 \times \left[1 - \exp\left(p_1 \times \dfrac{\dfrac{p_2 \times B^2}{a} + p_3 G + p_4 \sqrt{B} + p_5 \sqrt{g}}{p_6 \sqrt{p} + p_7 n + p_8} \right) \right]}{\left[1 - \exp\left(p_1 \times \dfrac{\dfrac{p_2 \times B^2}{a} + p_3 g + p_4 \sqrt{B} + p_5 \sqrt{g}}{p_6 \sqrt{p} + p_7 n + p_8} \right) \right] + 189 \times \left[1 - \exp\left(p_8 \times \dfrac{p_9 B + p_{10} a + p_{11} g + p_{12}}{p_{13} \sqrt{p} + p_{14} n + p_{15}} \right) \right]} \tag{7-9}$$

在旋流多梯度磁选机中,物料没有受到脉冲力作用,因此 $n = 0$。$p_9 B$、$p_{10} a$ 和 p_{12} 项为非磁性颗粒在常规高梯度磁选机中受背景场强和介质尺寸影响的夹杂力,而在旋流多梯度磁选机中,旋转流场和反冲水使颗粒分散,磁性颗粒对非磁性颗粒的夹杂可忽略不计,因此模型简化为:

$$\beta = \frac{0.76 \times \left[1 - \exp\left(p_1 \times \dfrac{\dfrac{p_2 \times B^2}{a} + p_3 g + p_4 \sqrt{B} + p_5 \sqrt{g}}{p_6 \sqrt{p} + p_8} \right) \right]}{\left[1 - \exp\left(p_1 \times \dfrac{\dfrac{p_2 \times B^2}{a} + p_3 g + p_4 \sqrt{B} + p_5 \sqrt{g}}{p_6 \sqrt{p} + p_8} \right) \right] + 189 \times \left[1 - \exp\left(p_8 \times \dfrac{p_{11} g}{p_{13} \sqrt{p} + p_{15}} \right) \right]} \tag{7-10}$$

7.3 旋流多梯度磁选机分选性能研究

旋流多梯度磁选机分选性能研究是利用所构建的设备分选指标模型,对该黑钨矿精矿的回收率和品位进行预测,内容包括旋流多梯度磁选机在不同离心加速度、磁介质半径、背景场强和反向冲洗水压条件下,对黑钨矿分选指标的影响。

1)离心加速度和背景场强对分选指标的影响

当磁介质直径为 2 mm,反向冲洗水压为 0.2 psi 时,不同背景场强(0.4 T、0.5 T、0.6 T、0.7 T、0.8 T 和 0.9 T)下改变旋流多梯度磁选机离心加速度,考察离心加速度对分选指标的影响。不同离心加速度下精矿 WO_3 品位和回收率的预测结果见图 7-3。

由图 7-3 不同离心加速度下精矿 WO_3 品位预测结果可知,当背景场强固定时,随着颗粒受到离心力的增大,精矿 WO_3 品位下降,其原因是离心加速度的增大导致更多的脉石矿物进入精矿,当离心加速度固定时,背景场强的增大有利于精矿 WO_3 品位的提高,这是因为磁场力对黑钨矿有选择捕收作用。另,由品位预

测结果可知，随着离心加速度的增大，背景场强的提高对精矿中 WO₃ 品位提高的
影响幅度变小，这是因为离心加速度增大时，精矿 WO₃ 回收率增大，此时增大背
景场强，精矿中 WO₃ 金属量增幅不大，这一点可以从图 7 - 3 不同离心加速度下
精矿 WO₃ 回收率预测结果中得到验证。

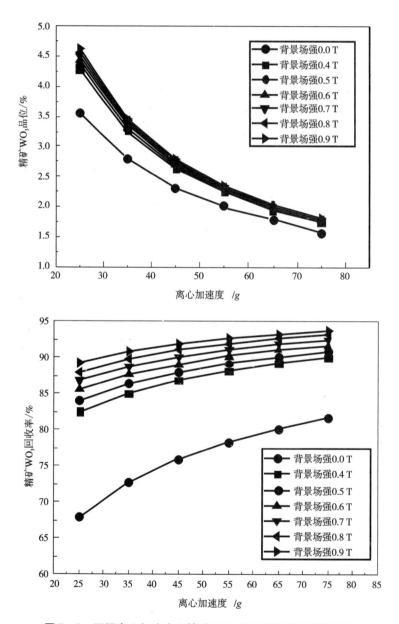

图 7 - 3　不同离心加速度下精矿 WO₃ 品位和回收率预测结果

当磁介质直径为 2 mm，反向冲洗水压为 0.2 psi，离心加速度为 $25g$，背景场强为 0.4 T 时，精矿 WO_3 品位为 4.62%，回收率为 82.45%；当离心加速度为 $75g$，背景场强为 0.9 T 时，精矿 WO_3 品位为 1.81%，回收率为 93.80%，由试验预测结果可知，旋流多梯度磁选机同时利用离心力场和磁场可以有效地提高精矿 WO_3 回收率，在低离心力场条件下，施加磁场可以在保证回收率的同时，有效提高精矿 WO_3 品位。

2）反向冲洗水压对分选指标的影响

当磁介质直径为 2 mm，离心加速度为 $25g$ 和 $75g$（为了考察低离心力场和高离心力场两种条件下）时，不同背景场强（0.4 T、0.5 T、0.6 T、0.7 T、0.8 T 和 0.9 T）下，改变反向冲洗水压，考察反向冲洗水压对分选指标的影响。不同反向冲洗水压下精矿 WO_3 品位和回收率的预测结果见图 7-4。

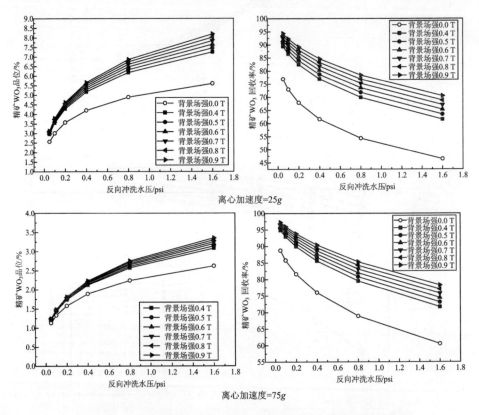

图 7-4　不同反向冲洗水压下精矿 WO_3 品位和回收率的预测结果

从图 7-4 不同反向冲洗水压下精矿 WO_3 品位和回收率的预测结果可知，随着反向冲洗水压的增大，精矿 WO$_3$ 品位呈增大趋势，同时回收率呈减小趋势，在较低的离心场强中，反向冲洗水的增大，更加有利于精矿中 WO$_3$ 品位的提高。当离心加速度为 25g，背景场强为 0.9 T，通过调节反向冲洗水压(0.05 ~ 1.6 psi)，可得到品位 3.12%(回收率为 94.32%) ~ 8.19%(回收率为 70.05%)的钨精矿；当离心加速度为 75g，背景场强为 0.9 T，通过调节反向冲洗水压(0.05 ~ 1.6 psi)。可得到品位 1.24%(回收率为 97.23%) ~ 3.35%(回收率为 78.27%)的钨精矿。

3)磁介质直径对分选指标的影响

固定反向冲洗水压为 0.2 psi，离心加速度为 25g 和 75g(为了考察低离心力场和高离心力场两种条件下)时，不同背景场强(0.4 T、0.5 T、0.6 T、0.7 T、0.8 T和0.9 T)下，改变磁介质半径，考察磁介质直径对分选指标的影响。不同磁介质直径下精矿 WO$_3$ 品位和回收率的预测结果见图 7 - 5。

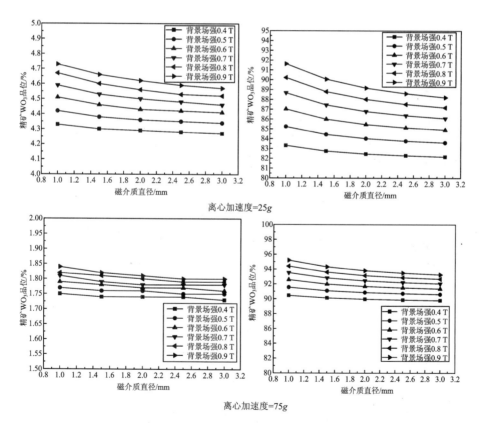

图 7 - 5　不同磁介质直径下精矿 WO$_3$ 品位和回收率的预测结果

由图 7 – 5 不同磁介质直径下精矿 WO_3 品位和回收率的预测结果可知，随着磁介质直径的增大，介质上的磁场梯度变小，对磁性矿物的磁吸引力减小，因此精矿 WO_3 回收率呈下降趋势，由于分选过程是在离心力作用下的颗粒分散状态进行的，因此，随着 WO_3 回收率的下降，精矿 WO_3 品位也略有下降。总的来说，弱磁场强度中磁介质直径变化对分选指标的影响大于强磁场中，弱离心力场中磁介质直径变化对分选指标的影响大于强离心力场中。

由上述旋流多梯度磁选机对黑钨矿分选结果预测可知，在低离心场强下，通过调节背景场强和反向冲洗水，分选过程侧重于利用弱磁性物料的比磁化系数差异，在确保回收率的条件下，最大程度地提高精矿中 WO_3 的品位，一次分选可得到品位大于 8%，回收率大于 70% 的钨精矿；在高离心场强下，同时利用弱磁性物料的比磁化系数和密度差异，能最大程度地提高精矿中 WO_3 的回收率，一次分选可得到回收率大于 95%，品位大于 1% 的钨精矿，指标较单一力场分选设备好。

7.4 小结

本章以某地的黑钨矿为研究对象，通过试验室型 SLon – 500 立环脉动高梯度磁选机和 Falconφ10 立式离心机的试验研究，获得了该物料分选指标与磁力和离心力之间的关系，建了力场与精矿回收率和品位的理论模型，将获得的试验数据和理论公式导入 1stopt 数值分析软件，对试验数据进行迭代和拟合，求得回收率和品位模型中的参数值，最后利用理论模型对旋流多梯度磁选机分选指标进行预测，本章得到的结论如下：

(1) 旋流多梯度磁选机处理本章研究对象黑钨矿时，精矿捕收率和品位的理论模型为：

$$R_m = 1 - w = 1 - \exp\left(p_1 \times \frac{\dfrac{p_2 \times B^2}{a} + p_3 g + p_4 \sqrt{B} + p_5 \sqrt{g}}{p_6 \sqrt{p} + p_7 n + p_8}\right) \quad (7-11)$$

$$\beta = \frac{0.76 \times \left[1 - \exp\left(p_1 \times \dfrac{\dfrac{p_2 \times B^2}{a} + p_3 g + p_4 \sqrt{B} + p_5 \sqrt{g}}{p_6 \sqrt{p} + p_8}\right)\right]}{\left[1 - \exp\left(p_1 \times \dfrac{\dfrac{p_2 \times B^2}{a} + p_3 g + p_4 \sqrt{B} + p_5 \sqrt{g}}{p_6 \sqrt{p} + p_8}\right)\right] + 189 \times \left[1 - \exp\left(p_8 \times \dfrac{p_{11} g}{p_{13} \sqrt{p} + p_{15}}\right)\right]}$$

$$(7-12)$$

(2) 由预测结果可知：对于本章研究的黑钨矿样（WO_3 品位为 0.4% 左右）而言，在低离心力场强下，通过调节旋流磁选机的背景场强和反向冲洗水，侧重于利用弱磁性物料的比磁化系数差异，可以最大可能地提高精矿品位，一次分选可得到品位大于8%，回收率大于70%的钨粗精矿；在高离心力场强下，同时利用弱磁性物料的比磁化系数和密度差异，可以最大尽量提高粗精矿中WO_3的回收率，一次分选可得到回收率大于95%，品位大于1%的钨粗精矿。

参考文献

[1]李小静，罗林，周岳远. 国内粗粒弱磁性矿石选矿设备现状及发展方向[J]. 金属矿山，2005(2)：49 - 51.

[2]方启学，卢寿慈. 世界弱磁性铁矿石资源及其特征[J]. 矿产保护与利用，1995(4)：44 - 46.

[3]张泾生，周光华. 我国锰矿资源及选矿进展评述[J]. 中国锰业，2004，24(1)：1 - 4.

[4]彭如清. 中国钨钼资源现状与对外贸易态势[J]. 中国钼业，2002，26(4)：3 - 7.

[5]刘敏娉，董天颂. 稀有金属选矿评述[J]. 有色金属(选矿部分)，2001(增刊)：110.

[6]孙炳全. 近年我国复杂难选铁矿石选矿技术进展[J]. 金属矿山，2006(3)：11 - 14.

[7]袁志涛，高太，印万忠，韩跃新. 我国难选铁矿石资源利用的现状及发展方向[J]. 金属矿山，2007(1)：1 - 6.

[8]朱建光. 铌资源开发应用技术[M]. 北京：冶金工业出版社，1992：56 - 61.

[9]张去非，穆晓东. 微细粒弱磁性铁矿石资源的特征及分选工艺[J]. 矿业工程，2003(4)：23 - 26.

[10]张去非. 国内外锰矿选矿工艺概述[J]. 中国矿山工程，2004，33(6)：16 - 18.

[11]刘亚川. 锰矿泥处理技术[J]. 中国锰业，1990(3)：31 - 34.

[12]翁启浩. 氧化锰尾砂回收利用的生产实践[J]. 中国锰业，1998，16(3)：24 - 27.

[13]丘德镳. 钽铌选矿理论与实践[J]. 世界有色金属，2001(11)：27 - 30.

[14]王毓华，陈兴华，黄传兵. 褐铁矿反浮选脱硅新工艺试验研究[J]. 金属矿山，2005(7)：37 - 39.

[15]白丽梅，刘丽娜，李萌，牛福生，赵礼兵. 张家口地区鲕状赤铁矿还原焙烧—弱磁选试验研究[J]. 中国矿业，2009，18(3)：83 - 87.

[16]狄家莲，陈荣. 强磁—离心分离工艺分选海钢贫铁矿试验研究[J]. 矿冶工程，2008，28(1)：43 - 45.

[17]李华. SLon 离心选矿机在微细粒赤铁矿选矿方面的应用[J]. 江西有色金属，2008，22(4)：28 - 30.

[18]曾克欣，蚁梅春，陈让怀. 微细粒贫锰矿选矿回收工艺研究[J]. 中国锰业，2010，28(2)：15 - 18.

[19] 熊大和. SLon 磁选机分选锰矿的研究和应用[J]. 矿业工程，2006(6)：117 - 118.

[20]饶宇欢，王勇平. SLon 磁选机—重选工艺分选某黑钨矿的试验研究[J]. 中国矿业，2011，20(10)：88 - 91.

[21]刘清高，管则皋，韩兆元，关通. 采用高梯度磁选回收某黑钨矿的工艺研究[J]. 矿产保护和利用，2010(4)：26 - 29.

[22]周晓文,陈江安,袁宪强,杨备.离心机用于钨细泥精选的工业应用[J].有色金属科学与工程,2011,2(3):62-66.

[23]高玉德,邹霓,董天颂.钽铌矿资源概况及选矿技术现状和进展[J].广东有色金属学报,2004,14(2):87-92.

[24]吕子虎,卫敏,吴东印,赵登魁.钽铌矿选矿技术研究现状[J].矿山保护与利用,2010(5):44-47.

[25]周德胜,王向东,何季林.有色金属进展(钽铌部分)[M].长沙:中南工业大学出版社,1995:109-112.

[26]周少珍,孙传尧.钽铌矿选矿的研究进展[J].矿冶,2002,11(增刊):175-178.

[27]《黑色金属矿石选矿试验》编写组.黑色金属矿石选矿试验[M].北京:冶金工业出版社,1978:20-201.

[28]陈斌.磁电选矿技术[M].北京:冶金工业出版社,2007:78-90.

[29]王常任.磁电选矿[M].北京:冶金工业出版社,1986:60-85.

[30]刘树贻.磁电选矿技术[M].长沙:中南工业大学出版社,1994.

[31]Kolm H H, Oberteuffer J A. High-gradient magnetic separation[J]. Scientific American, 1975, 223(5):46-54.

[32]孙仲元,冯定五.强磁场及高梯度磁场磁选的进展[J].江西有色金属,1994,8(1):24-27.

[33]刘树贻,彭世英.高梯度磁选机及其介质、梯度和梯度匹配[J].湖南有色金属,1985(3):13-17.

[34]Oder R R, Price C R. Brightness beneficiation of kaolin Clays by Magnetic Treatment[J]. Tappl, 1973, 56(10):75-78.

[35]冯定五.磁选技术的进展[J].国外金属矿选矿,1996(4):9-12.

[36]周平,郭绍安.国外高梯度磁选的发展[J].昆明工学院学报,1994,19(5):115-120.

[37]Arvidson B R, Henderson D. Rare-earth magnetic separation equipment and applications developments[J]. Minerals Engineering, 1997, 10(2):127-137.

[38]Chang Ying, Wang Da-peng. Improved electrical insulation of rare earth permanent magnetic materials with high magnetic properties[J]. Journal of Iron and Steel Research, 2009, 16(2):84-88.

[39]Oberteuffer J A. Magnetic separation:A review of principles, devices and applications[J]. IEEE Transactions on Magnetics, 1974, 10(2):223-238.

[40]Watson J H. Theory of capture of particles in magnetic high-intensity filters[J]. IEEE Transactions on Magnetics, 1975, 11(5):1597-1599.

[41]Luborsky F E. High gradient magnetic separation:Theory versus experiment[J]. IEEE Transactions on Magnetics, 1975, 11(6):1696-1700.

[42]Birss R, Dennis B Gerber R. Particle capture on the upstream and downstream side of wires in HGMS[J]. IEEE Transactions on Magnetics, 1979, 15(5):1362-1363.

[43]Watson J H. Magnetic filtration[J]. Journal of Applied Physics. 1976, 44(9):4209-4213.

［44］Nesset J, Todd I, Hollingworth, M. A loading equation for high gradient magnetic separation［J］. IEEE Transactions on Magnetics, 1980, 16(5): 833 – 835.

［45］Friendlaender F, Takayasu M, Rettig J. Particle flow and collection process in single wire HGMS studies［J］. IEEE Transactions on Magnetics, 1978, 14(6): 1158 – 1164.

［46］Stadtmuller A A, Good J A. Developments in superconducting magnetic separation［J］. Industrial Minerals, 1988(3): 58 – 69.

［47］葛朝澜. 磁选理论及工艺［M］. 北京：冶金工业出版社, 1994.

［48］P A AUGUSTO, J P MARTINS. A new magnetic separator and classifier: prototype design［J］. Mineral Engineering, 1999, 12(7): 799 – 805.

［49］J Svoboda. A relistic description of theprocess of high – gradient magnetic separation［J］. Minerals Engineering, 2001, 14(11): 1493 – 1592.

［50］Giacomo Mariani, Massimo Fabbri, Francesco Negrini. High – gradient magnetic separation of pollutant from wastewaters using permanent magnets［J］. Separation and purification technology, 2010(72): 147 – 155.

［51］R A Rikers , P Rem. Improved method for prediction of heavy metal recoveries from soil using high intensity magnetic separation (HIMS)［J］. Mineral Precessing, 1998(54): 165 – 182.

［52］S K Baik, D W Ha. Magnetic field and gradient analysis around matrix for HGMS［J］. Physica C, 2010(470): 1831 – 1836.

［53］S Song, S Lu , Lopez – Valdivieso. Magnetic separation of hematite and limonite fines ashydrophobic flocs from iron ores［J］. Minerals Engineering, 2002(15): 415 – 422.

［54］Dahe Xiong, Shuyi Liu, Jin Chen. New technology of pulsating high gradient magnetic separation［J］. Mineral Processing, 1998(54): 111 – 127.

［55］J Svoboda, T Fujita. Recent developments in magnetic methods of material separation［J］. Minerals Engineering, 2003(16): 785 – 792.

［56］W Zeng , X Dahe. The latest application of SLon vertical ring and pulsating high – gradient magnetic separator［J］. Minerals Engineering, 2003(16): 563 – 565.

［57］J G RAYNER, T J NAPIER – MUNN. The mechanism of magnetics capture in the wet drum magnetic separator［J］. 2000, 2000, 13(3): 277 – 285.

［58］Martin Brandl, Michael Mayer, Jens Hartmann, Thomas Posnicek, Christian Fabian, Dieter Falkenhagen. Theoretical analysis of ferromagnetic microparticles in streaming liquid under the influence of external magnetic forces［J］. Journal of magnetism and magnetic materials, 2010 (322): 2454 – 2464.

［59］Ritu D. Ambashtaa, Mika Sillanpää. Water purification using magnetic assistance: A review［J］. Journal of hazardous materials, 2010(180): 38 – 39.

［60］孙时元, 王德如, 黄慧. 国外选矿设备手册(下册)：附国内选矿设备［M］. 马鞍山：冶金部马鞍山矿山研究院技术情报研究室, 1990: 323 – 350.

［61］Oberteuffer J A, Wechsler I. 高梯度磁选的新进展［J］. 国外金属矿选矿, 1981(1): 1 – 17.

［62］Iannicelli J. New developments in magnetic separation［J］. IEEE Transactions on Magnetics,

1976, 12(5): 436 – 443.

[63] Lofthouse C H. The beneficiation of Kaolin using a commercial high intensity magnetic separator [J]. IEEE Transactions on Magnetics, 1981, 17(6): 3302 – 3304.

[64] 陈剑, 李晓波. 高梯度磁选机的发展及应用[J]. 矿业快报, 2005(9): 4 – 5, 45.

[65] 刘建平, 熊大和. SLon 脉动与振动高梯度磁选机新进展[J]. 金属矿山, 2006(7): 4 – 7.

[66] 王素玲, 王旭伟. Shp 型、SLon 型强磁选机选别试验研究[J]. 现代矿业, 2010 (5): 54 – 56.

[67] 朱格来, 李建设. SLon – 2000 立环脉动高梯度磁选机在调军台选矿厂的应用[J]. 矿业工程, 2005, 3(2): 33 – 34.

[68] 熊大和. SLon 磁选机分选氧化铁矿研究与应用新进展[J]. 矿冶工程, 2008, 28: 142 – 144.

[69] 饶宇欢. SLon 磁选机在司家营铁矿的应用[J]. 现代矿业, 2010(3): 116 – 118.

[70] 熊大和. SLon 立环脉动高梯度磁选机的应用研究[J]. 矿冶, 2002, 11(增刊): 129 – 133.

[71] 任祥军, 曾明祥, 艾光华. SLon 立环脉动高梯度磁选机分选龙岩弱磁性铁矿石的研究及应用[J]. 南方金属, 2007(159): 16 – 18.

[72] 曹卫国, 张友锋, 侯君一, 杨晓颖. SLon 型高梯度磁选机回收微细粒氧化铁矿工艺研究[J]. 金属矿山, 2008(9): 97 – 99.

[73] 熊大和. SLon 强磁机在低品位氧化铁矿中的新应用[J]. 金属矿山, 2008(增刊): 106 – 108.

[74] 熊大和. SLon 型磁选机在红矿选矿工业中的应用[J]. 金属矿山, 2004(增刊): 154 – 157.

[75] 熊大和. 新型工业立环脉动高梯度磁选机的研制及其机理研究[D]. 长沙: 中南工业大学, 1988.

[76] 彭世英. 高梯度磁选在我国高岭土工业中的应用[J]. 矿产保护与利用, 1994(3): 27 – 30.

[77] 张金明, 孙仲元, 黄枢. 干式高梯度磁选粉煤灰除铁研究[J]. 有色金属(选矿部分), 1989(2): 12 – 14.

[78] 冯定五, 孙仲元, 陈苊. 钾长石粉料干式高梯度磁选试验研究[J]. 非金属矿, 1995(4): 22 – 25.

[79] 辛业薇. 鞍钢调军台选矿厂红矿分段磁选试验研究[J]. 矿冶工程, 2004(8): 87 – 89.

[80] 余祖芳. 浅谈福建省连城锰矿庙前选厂磁选工艺[J]. 中国锰业, 2001, 19(3): 45 – 47.

[81] 翁启浩. 利用 SHP – 2000 磁选机优化选别碳酸锰矿的实践[J]. 中国锰业, 2000, 18(2): 18 – 21.

[82] 朱格来, 张国庆, 唐文彬, 熊大和, 张春浩. SLon 磁选机在调军台选厂改造前后工艺中的应用[J]. 金属矿山, 2008(6): 97 – 99.

[83] 敖慧芳. SLon 立环脉动高梯度磁选机回收微细粒级钛铁矿的试验研究[J]. 南方冶金学院学报, 2005, 26(6): 17 – 20.

[84] 范志坚, 余新阳, 黄会春. SLon 立环脉动高梯度磁选机在非金属除铁中的应用[J]. 矿业工程, 2004(1): 41 – 43.

[85]贺政权. SLon 立环脉动磁选机在某稀土矿选矿流程中的应用 [J]. 江西有色金属, 2005 (2): 23 – 25.

[86]管建红. 采用脉动高梯度磁选机回收赤泥中铁的试验研究[J]. 江西有色金属, 2000(4): 15 – 18.

[87]孙仲元. 磁选理论及应用[M]. 长沙: 中南大学出版社, 2009: 130 – 254.

[88]何贵春, 何平波. 国内外微细粒弱磁性矿物磁选的现状与进展[J]. 国外金属矿选矿, 1998(5): 14 – 17.

[89]张径生, 罗立群. 细粒物料磁分离技术的现状[J]. 矿冶工程, 2005(3): 56 – 59.

[90]孙仲元. 磁选设备的现状与进展[J]. 国外金属矿选矿, 1990(10): 28 – 35.

[91]赵星东. 磁选设备的新发展[J]. 冶金矿山设计与建设, 1998(1): 51 – 56.

[92]卢寿慈. 界面分选原理及应用[M]. 北京: 冶金工业出版社, 1992: 130 – 166.

[93]A·b·霍兰 – 巴特. 重选一种重新获得生命力的工艺[J]. 选矿技术, 1999(2): 38 – 43.

[94]马克西姆夫. 处理细级别选矿尾矿的新型分选设备[J]. 国外金属矿选矿, 2004(8): 24 – 27.

[95]K 桑特柯. 离心力场中大量矿物的重选[J]. 国外金属矿选矿 1998(10): 17 – 23.

[96]魏镜弢, 杨波. 微细粒重选技术研究[J]. 昆明理工大学学报, 2001, 26(1): 46 – 48.

[97]龙伟, 张文彬. 细粒重选设备的发展概况及研究方向[J]. 国外金属矿选矿, 1996 (4): 5 – 8.

[98]杨波. 微细粒重选技术研究[J]. 昆明理工大学学报, 2001, 26(1): 46 – 47.

[99]A·b·波格丹诺维奇. 未来的选矿技术, 在离心力场中分选矿物颗粒[J]. 国外金属矿山, 1998: (41 – 45).

[100]凌竞宏, 胡熙庚, A. Laplante. 国外离心选矿机的发展与应用[J]. 国外金属矿选矿, 1998(5): 2 – 5.

[101]黄利明. 奈尔森离心选矿机[J]. 有色金属, 1998, 20(2): 40 – 44.

[102]拉普朗特 黄. 奈尔森离心选矿机的工业应用[J]. 有色金属, 1999, 51(1): 35 – 39.

[103]张金钟, 姜良友, 吴振祥, 罗中兴. 尼尔森选矿机及应用[J]. 有色矿山, 2003, 32(3): 28 – 32.

[104]温雪峰, 潘彦军, 何亚群, 赵跃民, 宋树磊, 段晨龙. Falcon 选矿机的分选机理及其应用 [J]. 中国矿业大学学报, 2006, 35(3): 341 – 346.

[105]陶有俊, 赵跃民, Daniel Tao, 刘炯天. 细粒煤在 Falcon 分选机中的运动特性及其脱硫研究[J]. 中国矿业大学学报, 2005, 34(6): 721 – 725.

[106]赵跃民, 刘炯天, 王卓雅, 陶有俊. 采用 Design – Expert 设计进行优化 Falcon 分选试验 [J]. 中国矿业大学学报, 2005, 34(3): 333 – 335.

[107]陈禄政, 任南琪, 熊大和. SLon 连续式离心机回收微细粒级铁矿物工业试验[J]. 金属矿山, 2007(1): 63 – 66.

[108]陈禄政, 任南琪, 熊大和. SLon 连续式离心机回收细粒铁尾矿的应用研究[J]. 金属矿山, 2008(1): 86 – 89.

[109]简胜, 付丹, 梁溢强. 高效离心机 Falcon 在云南某多金属矿尾矿中锡回收的应用[J]. 云

南冶金, 2011, 40(4): 25 - 28.

[110] 谭兵. 某高硫高砷金矿选矿试验研究[J]. 矿产保护与利用, 2011(4): 14 - 17.

[111] 梁溢强, 严小陵, 张旭东, 刘殿文. 云南某复杂多金属钨钼矿选矿新工艺研究[J]. 中国矿业, 2009, 18(12): 68 - 71.

[112] 陈亮亮, 熊大和. SLonφ1600mm 离心机分选细泥浮选粗精矿的试验研究[J]. 中国钨业, 2010, 25(6): 46 - 48.

[113] 吴金龙, 熊大和. SLon 离心机分选赤铁矿的试验研究[J]. 现代矿业, 2009(12): 36 - 38.

[114] 白丽梅, 牛福生, 吴根, 孟宪慧, 刘丽娜. 鲕状赤铁矿强磁—重选工艺的试验研究[J]. 矿业快报, 2008(5): 26 - 28.

[115] 童雄, 黎应书. 难选二转赤铁矿石的选矿新技术试验研究[J]. 中国工程科学, 2005(增刊): 323 - 326.

[116] 田嘉印. 鞍山式赤铁矿阶段磨矿、粗细分选、重选—磁选—阴离子反浮选工艺选别机理探讨[J]. 金属矿山, 2006(增刊): 42 - 46.

[117] 熊大和. SLon 磁选机分选东鞍山氧化铁矿石的应用[J]. 金属矿山, 2003(6): 21 - 25.

[118] 熊大和. SLon 磁选机与离心机组合技术分选氧化铁矿[J]. 金属矿山, 2009(增刊): 95 - 99.

[119] Delgadillo J A, Rajamani R K. A comparative study of three turbulence - closure models for the hydrocyclone problem[J]. Mineral Processing, 2005(77): 217 - 230.

[120] Shuetz S, Mayer G, Bierdel M. Investigations on the flow and separation behaviour of hydrocyclones using computational fluid dynamics[J]. Mineral Processing, 2004(73): 229 - 237.

[121] Narasimha M, Brennan M S comprehensive CFD model of medium cyclone performance[J]. Minerals Engineering, 2007(20): 414 - 426.

[122] 单永波, 李玉星. 雷诺应力(RSM)模型对旋流器分离性能预测研究[J]. 炼油技术与工程, 2005, 35(1): 18 - 22.

[123] Mukherjee A K, Sripriya R. Effect of increase in feed inlet pressure on feed rate of dense media cyclone[J]. Mineral Processing, 2003(69): 259 - 274.

[124] Deglon D A, Meyer C J. CFD modeling of stirred tank: numerical considerations[J]. Minerals Engineering, 2006(19): 1059 - 1068.

[125] Micale G, Montante G, Grisafi F. CFD simulation of particle distribution in stirred vessels[J]. Institution of Chemical Engineers, 2000(78): 435 - 444.

[126] Montante G, Pinelli D, Magelli F. Scale - up criteria for the solids distribution in slurry reactors stirred with multiple impellers [J]. Chemical Engineering Science, 2003 (58): 5363 - 5372.

[127] Zhi - ming, Zhang Zheng, Cheng Xue - wen, Zheng Yu - gui. Nmerical Simularion of the Erosion - Corrosion of Liquid - Solid Flows[J]. Beijing University of chemical technology, 2000, 8(4): 335 - 347.

[128] Pinelli D, Montante G, Magelli F. Dispersion coeffcients and settling velocities of solids in

slurry vessels stirred with different types of multiple impellers[J]. Chemical Engineering Science, 2004(59): 3081 – 3089.

[129] Brerennan M S, Narasimha M. Multiphase modelling of hydrocyclones – prediction of cut – size [J]. Minerals Engineering, 2007(20): 395 – 406.

[130] 黄思, 周先华. 单锥旋流器分离过程的三维数值模拟[J]. 西华大学学报, 2005, 24(4): 43 – 45.

[131] 任连城, 梁政, 钟功祥, 吴世辉, 辛桂彬. 基于 CFD 的水力旋流器流场模拟研究[J]. 石油机械, 2005, 33(11): 15 – 20.

[132] 杨琳, 梁政, 田家林. 双锥型油水分离旋流器内部流场数值模拟[J]. 流体机械, 2008, 36(5): 30.

[133] 蒋青云. 离心力场中液—液两相传递过程的实验研究和数值模拟[D]. 武汉: 华中科技大学, 2007.

[134] 王伟. 水力旋流器固 – 液分离的 CFD 模拟研究[D]. 天津: 天津大学, 2009.

[135] 张静. 水力旋流器气液固流场的数值模拟[D]. 天津: 天津大学, 2010.

[136] 郑胜飞. 卧螺离心机流场数值模拟及试验研究[D]. 浙江: 浙江大学, 2009.

[137] 黄志新. 卧螺离心机螺旋输送器结构、强度及其转鼓内的流场研究[D]. 北京: 北京化工大学, 2007.

[138] 杨威. 气携式液—液水力旋流器的数值模拟[D]. 大连: 大连理工大学, 2011.

[139] 任重. ANSYS 实用分析教程[M]. 北京: 北京大学出版社, 2003.

[140] 孙明礼, 胡仁喜, 崔海蓉. ANSYS10.0 电磁学有限元分析实例指导教程[M]. 北京: 机械工业出版社, 2007.

[141] 刘涛, 杨凤鹏. 精通 ANSYS[M]. 北京: 清华大学出版社, 2004.

[142] 王世山, 王德林, 李彦明. 大型有限元软件 ANSYS 在电磁领域的使用[J]. 高压电器, 2002, 38(3): 27 – 32.

[143] 王国强. 实用工程模拟技术及其在 ANSYS 上的实践[M]. 西安: 西北大学出版社, 1999.

[144] 阎照文. ANSYS 10.0 工程电磁分析技术与实例详解[M]. 北京: 中国水利水电出版社, 2006: 1 – 196.

[145] 濮良贵, 纪名刚. 机械设计[M]. 北京: 高等教育出版社, 2001.

[146] 孙仲元. 磁选理论[M]. 长沙: 中南大学出版社, 2007: 104 – 110.

[147] 王常任, 孙仲元. 磁选设备磁系设计基础[M]. 北京: 冶金工业出版社, 1990: 34 – 57.

图书在版编目(CIP)数据

旋流多梯度磁选机的力场仿真、设计及分选性能研究/卢东方,
胡岳华,王毓华著. —长沙:中南大学出版社,2015. 10
ISBN 978 - 7 - 5487 - 2032 - 4

Ⅰ. 旋… Ⅱ. ①卢… ②胡… ③王… Ⅲ. 磁选机 - 研究
Ⅳ. TD457

中国版本图书馆 CIP 数据核字(2015)第 271100 号

旋流多梯度磁选机的力场仿真、
设计及分选性能研究

卢东方 胡岳华 王毓华 著

□责任编辑 韩 雪 胡业民
□责任印制 易红卫
□出版发行 中南大学出版社
　　　　　社址:长沙市麓山南路　　　邮编:410083
　　　　　发行科电话:0731-88876770　　传真:0731-88710482
□印　　装 长沙鸿和印务有限公司

□开　　本 720×1000　1/16　□印张9　□字数 176 千字
□版　　次 2015 年 10 月第 1 版　□印次 2015 年 10 月第 1 次印刷
□书　　号 ISBN 978 - 7 - 5487 - 2032 - 4
□定　　价 38. 00 元